できる

たのしく やりきる

スクラッチ
Scratch 3

子_こども
AI_{エーアイ} プログラミング 入門_{にゅうもん}

株式会社タイムレスエデュケーション
小林真輔

インプレス

ご購入・ご利用の前に必ずお読みください

- 本書は、2020年11月現在の情報をもとに「Microsoft Windows 10」や「Microsoft Edge」「Google Chrome」「Scratch」の操作方法について解説しています。本書の発行後に「Microsoft Windows10」や各ソフトウェアの機能や操作方法、画面などが変更された場合、本書の掲載内容通りに操作できなくなる可能性があります。本書発行後の情報については、弊社のWebページ (https://book.impress.co.jp/) などで可能な限りお知らせいたしますが、すべての情報の即時掲載および確実な解決をお約束することはできかねます。また本書の運用により生じる、直接的、または間接的な損害について、著者および弊社では一切の責任を負いかねます。あらかじめご理解、ご了承ください。

- 本書の内容に関するご質問については、該当するページや質問の内容をインプレスブックスのお問い合わせフォームより入力してください。電話やFAXなどのご質問には対応しておりません。なお、インプレスブックス (https://book.impress.co.jp/) では、本書を含めインプレスの出版物に関するサポート情報などを提供しております。そちらもご覧ください。

- 本書発行後に仕様が変更されたハードウェア、ソフトウェア、サービスの内容などに関するご質問にはお答えできない場合があります。該当書籍の奥付に記載されている初版発行日から3年が経過した場合、もしくは該当書籍で紹介している製品やサービスについて提供会社によるサポートが終了した場合は、ご質問にお答えしかねる場合があります。また、以下のご質問にはお答えできませんのでご了承ください。
  - ・書籍に掲載している手順以外のご質問
  - ・ハードウェア、ソフトウェア、サービス自体の不具合に関するご質問

解説動画・購入特典について

本書の解説動画は右のQRコードからアクセスできます。
また本書の購入特典として、7日目に作ったプログラムをさらに発展させた「ドラゴンバトルゲームを作ろう③」のPDFデータを提供しています。PDFデータは以下のURLからダウンロードできます。

解説動画

https://dekiru.net/tsdai_scr3

各項目に掲載してあるQRコードからもアクセスできます

https://book.impress.co.jp/books/1120101053

※画面の指示に従って操作してください。
※ダウンロードには、無料の読者会員システム「CLUB Impress」への登録が必要となります。
※本特典の利用は、書籍をご購入いただいた方に限ります。

本書の前提

本書では、「Windows 10」がインストールされているパソコンで、インターネットに常時接続されている環境を前提に画面を再現しています。そのほかの環境の場合、一部画面や操作が異なることもありますが、基本的に同じ要領で進めることができます。

まえがき

プログラミングをはじめるみんなへ！

いま世の中で注目されている技術の1つが人工知能（AI）です。この本では、そのAIを使ったプログラムを作れるようになります。AIってテレビとかでよく聞くけど何だろう？と思っているみなさんが、プログラムを作りながらAIのしくみもわかるようになります。

AIは、私たち人間と同じように「学習」することで、いろいろなことができるようになります。学習というのは、たくさんの絵やものをコンピューターに見せて覚えてもらうことです。そうすることで、AIはものを認識できるようになります。最初はうまくできずに苦労するかもしれません。それでもあきらめずにトライしてみてください。

この本のAIを使ったプログラムを作って、ぜひみなさんのまわりの人たちを驚かせてあげてください。そして、自分でもっと面白いものや、便利なものを考えて作ってみてください。

保護者の皆様へ

2020年になってから、新型コロナウイルス感染症の拡大で世の中が一変しました。そして、コロナ禍で世界と比較して日本のデジタル化の遅れが目立つ結果となりました。デジタル化を推進するためには、皆さんがコンピューターを使えるようになる必要があります。コンピューターを当たり前のように使えるようになるには、コンピューターのしくみを知ることが重要です。プログラミングを学習することは、コンピューターのしくみを知るための重要なステップです。本書で使うプログラミングソフト「スクラッチ」では、文字を入力せずにブロックを並べることで、プログラムを作れます。そのため、子供でも簡単にプログラミングの世界に入ることができるのです。このスクラッチにAIの機能を使えるブロックを追加し、AIを使ったプログラミングや、AIを使ってできることは何か、を学んでいただくのが本書です。

本書は1日1日ステップアップしながら、お子様だけでも1週間で楽しくやりきれる、学びきれることをコンセプトに、AIを使ってどのようなことができるかを理解いただける内容にしました。お子様と一緒に楽しんでいただくのはもちろんですが、理解した内容をうまく組み合わせて別の作品を作るようにガイドしていただくのがいいと思います。AIを使って自分の身の回りの問題を解決するものが作れたらそれは素晴らしいことです。

最後にこの本を出版する機会をいただいた、できるビジネス編集部副編集長の田淵豪様、浦上諒子様、そしてカスタマイズされたスクラッチの本書での利用をご快諾いただいた石原淳也様をはじめ、関係者の皆様には大変お世話になりました。この場を借りてお礼申し上げます。

2020年11月　小林　真輔

パソコンの基本的な使い方

スクラッチを使うには、パソコンやタブレットで文字を入力したり、マウスを操作したりする必要があります。まずはパソコンのキーボードとマウスの機能を覚えましょう。

●スクラッチで使うキーを覚える

スクラッチでは、アルファベットや数字（まとめて「英数字」といいます）のほか、ローマ字で日本語を入力する場合があります。文字を入力するときはキーボードを使います。英数字と日本語は、「半角／全角」と書かれたキーを押すと切り替わります。ためしに押してみましょう。パソコンの画面右下にある入力モードの表示が「あ」「A」のように切り替わります。この表示が「あ」のときがローマ字、「A」のときが英数字の入力モードになります。

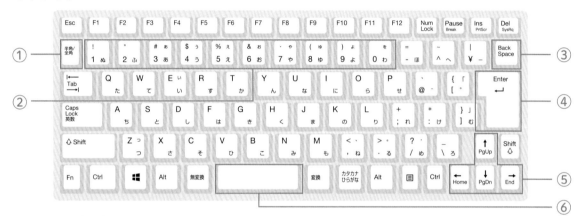

① [半角/全角]キー（ 半角/全角 ）
アルファベットと日本語を切り替えます。

押すたびに、画面右下の「A」（アルファベット）や「あ」（日本語）が切り替わる

②数字キー（ 1 ～ 0 ）
数字を入力するときに押します。

③ [Backspace]キー（ Back space ）
1つ前の文字や選んだ文字を消します。入力をまちがえたときに使います。

④ [Enter]キー（ Enter ）
日本語入力のときに、入力を確定します。

⑤矢印キー（ ↑ ↓ ← → ）
矢印の方向に移動します。

⑥スペースキー（ Space ）
空白を入力します。ひらがなを打っているときに押すと、漢字やカタカナに変わります。これを「変換」といいます。

スクラッチで使うのは、おもに半角数字だから、[半角/全角] キーの使い方を覚えておこう。あとはキャラクターを動かすときに矢印キーやスペースキーを使うよ。

◯マウスの操作を覚える

マウスはパソコンを操作するための道具です。机の上でマウスを動かすと、パソコンの画面上にある矢印（🔽）も一緒に動きます。この矢印（「マウスポインター」といいます）を画面上の操作したいものの上に移動して、マウスのボタンを押すことでパソコンを操作します。スクラッチでは、「クリック」「右クリック」「ドラッグ」を使います。ノートパソコンの場合は、トラックパッドを使ってマウスと同じように操作します。

マウスを動かす
画面の矢印も一緒に動きます。

・マウスの動き

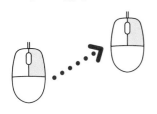

・マウスポインターの動き

クリック
マウスの左側のボタンを一度押す操作です。画面で何かを選ぶときに押します。また、2回続けてすばやくクリックすることをダブルクリックといいます。

右クリック
マウスの右側のボタンを一度押します。スクラッチでは、ブロックを右クリックすると、ブロックを複製したり消したりできます。

ドラッグ、ドロップ
スクラッチのブロックをクリックして、マウスのボタンを押したまま移動する操作をドラッグ、移動したところでボタンをはなしてブロックを置くのがドロップです。大事な操作なのでよく練習しましょう。

・ドラッグ

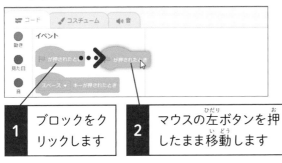

1 ブロックをクリックします

2 マウスの左ボタンを押したまま移動します

・ドロップ

3 ドラッグした位置で、マウスの左ボタンから指をはなします

> ドラッグは、「引っぱる」「引きずる」といった意味だね。そしてドロップは「落とす」という意味だよ。ドラッグとドロップは続けてやる操作だから、あわせて「ドラッグアンドドロップ」ということもあるよ。

もくじ

はじめに

スクラッチを使う準備をしよう

はじめに学ぶこと

0-1　ブラウザをダウンロードしよう

スクラッチにアクセスするインターネットの準備をします。

0-2　スクラッチの画面を開こう

スクラッチの画面について説明します。

はじめに スクラッチを使う準備をしよう

スクラッチって何ですか?

スクラッチ（Scratch）は、プログラミング言語の1つだよ。アメリカの MITメディアラボという研究所が、8才〜16才くらいの子どもがプログラミングを学べるように開発したんだ。あらかじめ用意されたブロックを組み合わせることで、ゲームを作ったり音を鳴らしたりプログラミングを体験できるよ。

あらかじめ用意されたブロックを組み合わせて
プログラムを作る

スクラッチの画面の右側にある
ステージで、動き確かめられる

どうやって使うの?

スクラッチは、パソコンやタブレットで使うよ。この本ではパソコンで、「ブラウザ」というアプリを使ってスクラッチを利用します。パソコンの基本的な使い方は4ページで説明しているからそちらも読んでね。それから、この本では画像や音声を認識する機能を使うから、カメラとマイクの機能がついたパソコンが必要だよ。カメラとマイクの機能がついていないパソコンを使う場合は、パソコン用のカメラやマイクを用意して、パソコンとつないで使おう。

知ってると
カッコいい!
キーワード

プログラミング言語 ▶ コンピューターへの命令を書くための言語。

プログラミング ▶ コンピューターへの命令を書くこと。スクラッチの場合は、書くかわりにブロックを組み合わせる。

0-1 | ブラウザをダウンロードしよう

スクラッチは、インターネット上で動かします。インターネットにアクセスするための「ブラウザ」というアプリを立ち上げて、スクラッチのWebページを開きましょう。本書では、「Google Chrome」（グーグルクローム）というブラウザを使います。

○ Google Chrome をダウンロードする

パソコンにGoogle Chromeがダウンロードされていない場合は、最初からパソコンに入っている「Microsoft Edge」というブラウザからインターネットにアクセスしてダウンロードしましょう。

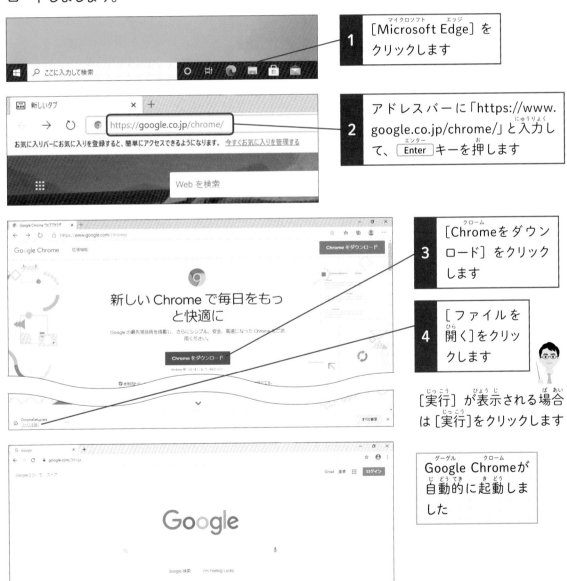

1 [Microsoft Edge] をクリックします

2 アドレスバーに「https://www.google.co.jp/chrome/」と入力して、[Enter]キーを押します

3 [Chromeをダウンロード] をクリックします

4 [ファイルを開く]をクリックします

[実行] が表示される場合は [実行]をクリックします

Google Chromeが自動的に起動しました

知ってると
カッコいい！
キーワード

ブラウザ▶インターネット上で公開されているさまざまなページを閲覧するためのアプリ。

0-2 | スクラッチの画面を開こう

本書では、AI機能が追加されたスクラッチを使います。まずはスクラッチの画面を表示しましょう。

○ ブラウザからスクラッチの画面を開く

はじめに

スクラッチを使う準備をしよう

Google ChromeのアドレスバーにスクラッチのURLを入力すると、プログラムを作る画面が開きます。

新しいタブ

https://yarikiru.github.io/scratch-gui/

1 アドレスバーに「https://yarikiru.github.io/scratch-gui/」と入力して、Enterキーを押します

Google

プログラムを作る画面が表示されました

▶ (実行)プログラムを動かす

● (停止)プログラムを止める

スプライト（キャラクター）

ステージ

ブロック

ブロックを置く場所

スプライトを選ぶ場所（スプライトリスト）

ブロックの分類

スクラッチは、「ブロック」を右の「ブロックを置く場所」にドラッグ&ドロップしてプログラムを作っていきます。次のページから実際にプログラムを作って動かしていきましょう。

知ってるとカッコいい！キーワード
スプライト ▶ スクラッチではキャラクターのことを「スプライト」という。
URL ▶ インターネット上の場所を書き表したもの。インターネット上の住所のようなもの。

1日目

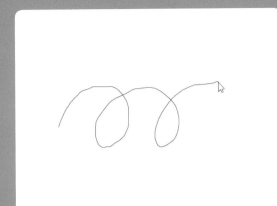

マウスで線を描こう

1日目に学ぶこと

1-1 キャラクターをマウスで動かそう

プログラムの作り方を学びます。

1-2 ペンの機能を追加しよう

「ペン」の機能を追加する方法を学びます。

1-3 ペンで線を描こう

「条件分岐」を使って、「ペン」の機能で線を描く方法を学びます。

マウスで線を描こう

キャラクターが動くしくみを教えてください。

まずプログラムとは何かを説明するよ。プログラムは、コンピューターに指示する「命令」の順番を示したもの。命令を出すことで、キャラクターを動かすことができるんだ。たとえばパソコンのマウスを動かすのに合わせて、キャラクターがついてくるようにするには、キャラクターに、「マウスが動いたとき、マウスのところにいく」という命令を出すよ。

プログラムはどうやって書くのですか?

プログラムにはルールがあるんだ。たとえば「キャラクターを動かすプログラム」なら、どのキャラクターを動かすか決めないといけないね。次に動きを決めるんだけど、マウスのところに行くのか、右に100歩移動するのか、動きにもいろいろなものがあるから、それも決める必要があるよ。ほかに「キャラクターの動きに合わせて文字を書く」といったこともできるんだ。その場合は、キャラクター、動き、動いたときに何をするか、の3つを決めるということだね。

キャラクターを動かす

どのキャラ? → ねこ
どこへ? → マウスのところ
いつ? → ずっと

線を描く

もしマウスが
　押されたら ····→ ペンを下ろす
　押されなかったら ····→ ペンを上げる

1-1 | キャラクターをマウスで動かそう

動画はこちら
https://dekiru.net
/tsdai_scr3_101

マウスで線を描くための最初のステップとして、ねこのキャラクターが、マウスの動きについてくるプログラムを作りましょう。

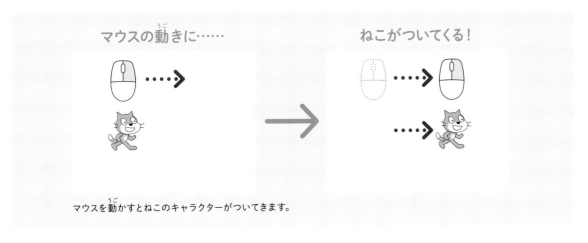

マウスの動きに……　　　　　　　　　ねこがついてくる！

マウスを動かすとねこのキャラクターがついてきます。

1日目

マウスで線を描こう

◯ 動き出すきっかけを決める

まずは、プログラムがスタートするきっかけを決めます。ここでは、「旗（🏁）が押されたとき」をきっかけにします。この「きっかけ」のことを、プログラムでは「イベント」といいます。

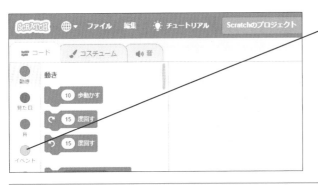

1 ［イベント］をクリックします

スクラッチでは、ブロックを選びやすいように、「動き」や「イベント」などの種類ごとにブロックが分けられています。この中から使いたいブロックを選んで組み合わせていくのがスクラッチの基本操作です。

青色の［動き］ブロックから、黄色の［イベント］ブロックに切り替わりました

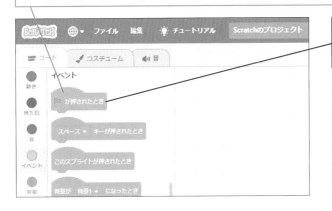

2 ［🏁が押されたとき］にマウスポインターを合わせます

たとえばゲームで遊ぶとき、「スタートボタンを押す」という「きっかけ」が必要ですね。それと同じで、キャラを動かすプログラムをスタートするにも、きっかけがいるのです。

できる　**13**

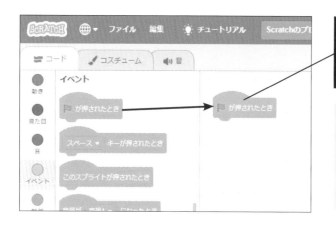

3 [🏳 が押されたとき] を
ドラッグして、右側の
枠でドロップします

この [🏳 が押されたとき] は、「ステージの
左上にある🏳をマウスでクリックしたと
き」という意味です。次は、「🏳 が押された
ときに何をするか」をプログラミングしてい
きます。

1日目

マウスで線を描こう

○ 動きをずっと繰り返すようにする

今回は、🏳 が押されたときに、キャラクターがマウスポインターのところに行くようにし
ましょう。マウスポインターを移動するたびに、キャラクターがついてくるようにするには、
[ずっと] のブロックを入れて、その動きをずっと繰り返すようにプログラムを作る必要が
あります。

4 [制御] をクリック
します

黄色の [イベント] ブロックから、オレンジ色の
[制御] ブロックに切り替わります

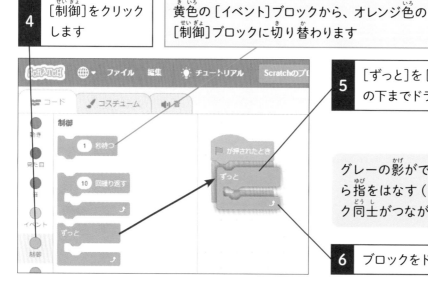

5 [ずっと] を [🏳 が押されたとき]
の下までドラッグします

グレーの影がでたときにマウスのボタンか
ら指をはなす（ドロップする）と、ブロッ
ク同士がつながります。

6 ブロックをドロップします

ブロックがつながりました

[ずっと] のブロックには、中に入れ込んだ
ブロックの動きをずっと繰り返すという機
能があります。

知ってると
カッコいい！
キーワード

制御 ▶ プログラムの動きを調整して操作すること。

● マウスポインターの動きに キャラクターがついてくるようにする

ここまでに「🚩が押されたときに、ずっと」までできました。ここでは、ずっとマウスポインターのところへ行くようにしたいので、[動き]のブロックをつなげましょう。

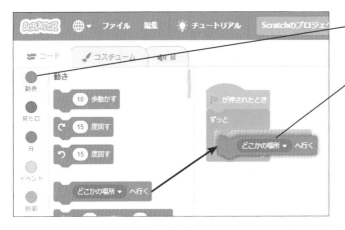

7 [動き]をクリックします

8 [どこかの場所へ行く]を[ずっと]の中までドラッグします

[ずっと]の中がグレーになったことを確認します

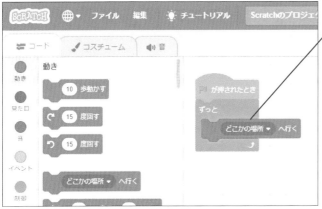

9 ブロックをドロップします

[制御]には、[ずっと]のようにワニの口のような形のブロックがあります。この形のブロックは、その口のところにほかのブロックをはめこんで使います。

10 [どこかの場所]の▼をクリックします

11 表示されるメニューから、[マウスのポインター]をクリックします

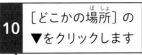

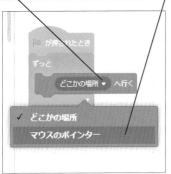

ブロックの内容が変わりました

これで、「🚩が押されたとき、ずっと、マウスポインターへ行く」というプログラムの完成です。

ここまでできたら、一度 🏁 をクリックしてみよう！
マウスポインターの動きに合わせて、ねこが動いたら、正しくプログラムが作れているよ。

| 12 | 🏁 をクリックします |

マウスを動かして、ステージ上でマウスポインターに合わせてねこが動いたか確認します

| 13 | プログラムを止めるには ⬡ をクリックします |

マウスの矢印をねこが追いかけてきます！

ぼくのは、🏁 のところにねこが移動しただけだよ！！！

「ずっと」のブロックが抜けているよ！命令が1回だけしか動いていないから、🏁 を押したときにねこが移動してそのままになってしまうんだ。
繰り返し移動することでねこが追いかけるようになるよ！

人間の感覚だとずっと移動してくれるように思ってしまうよね。

なるほど。繰り返すのが大事なんだ。

 覚えておこう！

□ 動かすには最初にイベントのブロックが必要

□ イベントの次に、動かしたい命令のブロックをつなげる

□ 繰り返し位置を動かすことで追いかける動きができる

1-2 | ペンの機能を追加しよう

動画はこちら

https://dekiru.net
/tsdai_scr3_102

線を描くには、ペンの機能を使います。ペンの機能はスクラッチにあらかじめ用意されています。まずはペンを使えるようにしましょう。

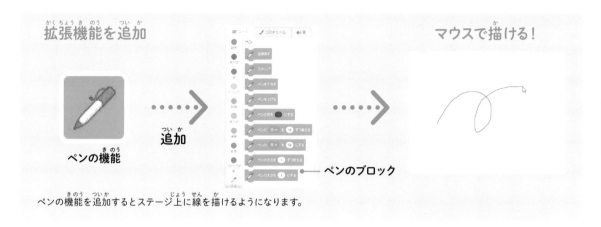

拡張機能を追加　　　　追加　　　ペンの機能　　　ペンのブロック　　　マウスで描ける！

ペンの機能を追加するとステージ上に線を描けるようになります。

◯ 線を描くための［ペン］を追加する

ペンの機能は画面左下にある ▦ （拡張機能を追加）ボタンから追加します。

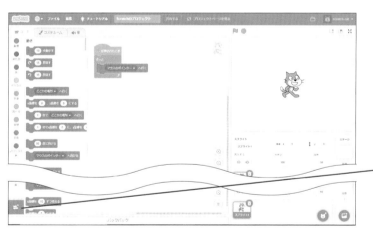

拡張機能とは、通常のスクラッチにはない命令を、ブロックを追加して、使えるようにする機能です。

1 ▦ をクリックします

| 拡張機能を選択する画面が表示されました | **2** ペンをクリックします | ［ペン］に関連するブロックが追加されました |

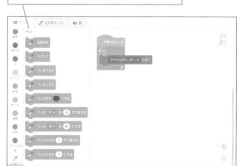

1日目

マウスで線を描こう

できる　**17**

1-3 | ペンで線を描こう

動画はこちら
https://dekiru.net/tsdai_scr3_103

マウスのボタンを押している間だけ線を描くようにしましょう。また、描きはじめるときに、前に描いた線を消す動きも取り入れます。

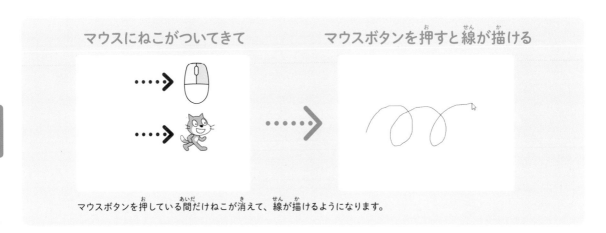

マウスボタンを押している間だけねこが消えて、線が描けるようになります。

◯ 条件によって動きを変える

「もし100点とったらアメ玉がもらえる。とれなかったら何もなし」のように、「もし〜したら」のことを「条件」といいます。この場合は、100点をとるかとらないかでそのあとの結果が異なりますね。プログラムでも条件によって動きを変えることができます。ここでは、「もしマウスのボタンが押されたら」という条件によって「ペンを下ろす」「ペンを上げる」と動きを変えるプログラムを作ります。

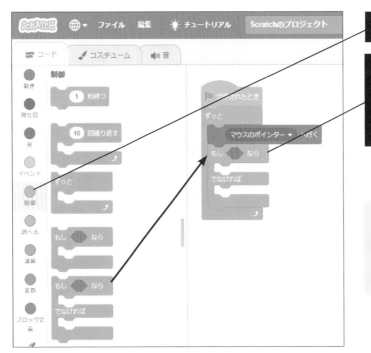

1 [制御]をクリックします

2 [もし<>なら、でなければ]を[ずっと]の中の[マウスのポインターへ行く]の下につなげます

[マウスのポインターへ行く]の下にブロックをドラッグすると、[ずっと]ブロックが広がりグレーの影がでるので、そこでドロップします。

1日目
マウスで線を描こう

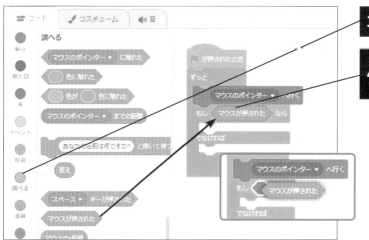

3 [調べる]をクリックします

4 [マウスが押された]を[もし<>なら]の<>に入れます

「もし<>なら」の<>の部分にブロックを入れるには、<>にブロックを近づけて白い枠がでたタイミングでドロップします。

5 [ペン]をクリックします

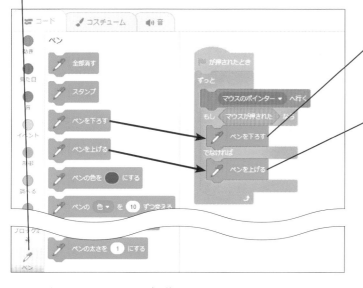

6 [ペンを下ろす]を[もしマウスが押されたなら]の下に入れます

7 [ペンを上げる]を[〜でなければ]の下に入れます

ペンを下ろした状態だと線が描けます。

◯ 描いている間だけキャラクターを隠す

ここでは動きがわかりやすいように、描いている間はキャラクターが隠れるようにします。キャラクターを隠すには、[見た目]のブロックを使います。ペンを下ろすときはキャラクターを隠して、ペンを上げたら表れるようにします。

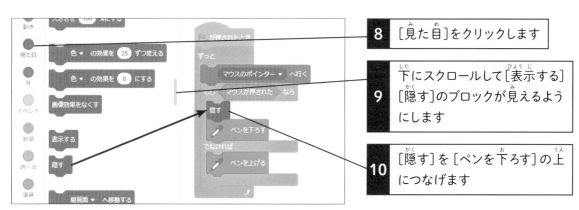

8 [見た目]をクリックします

9 下にスクロールして[表示する][隠す]のブロックが見えるようにします

10 [隠す]を[ペンを下ろす]の上につなげます

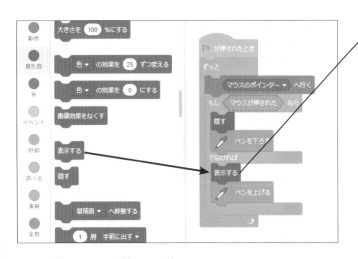

11 [表示する] を [ペンを上げる] の上につなげます

ここまでで「もしマウスが押されたなら、キャラクターを隠して、ペンを下ろす。でなければキャラクターを表示してペンを上げる」というプログラムができました。

○ 描いた線を消す

最後に、プログラムをスタートするたびに、前に描いた線を消す動きを追加しましょう。このように、最初の状態に戻すことを「初期化」といいます。

12 [ペン]をクリックします

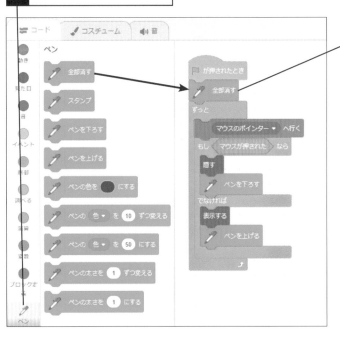

13 [全部消す] を [🏴が押されたとき]の下につなげます

「全部消す」を入れることで、線がすべて消えて最初の状態に戻ります。これが「初期化」です。

まめ ちしき ブロックの形はいろいろある

ブロックをよく見ると、左上がまるくなったものや、へこんだもの、両側がとがったもの、両側がまるまったもの、ワニの口のようなものなどいろいろあります。スクラッチではジグソーパズルのように、形の合うブロック同士をつなげたり、はめこんだりするため、わかりやすい形になっているのです。

ここまでできたらを押して、ステージに線を描いてみよう。
線を描いている間だけねこが消えて、マウスポインターだけの状態に
なっていたら、きちんと作れているよ。

14 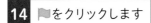をクリックします

ここで動きを確認

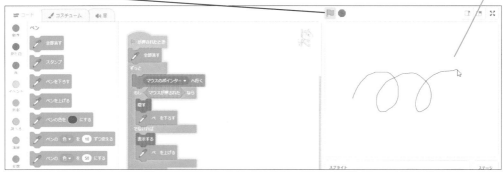

マウスのボタンを押す
と線が描けたわ

ぼくのはなぜか何も押
してないのに線が！

よく見てみると、ペンを上げるとペンを下ろす場所が逆だね。「でな
ければ」は、「もし<>なら」のところの「条件が成立しないとき」という
意味だから、押してないときにペンを下ろして線を描いてしまう。この
ように、条件によって動きを変える動作のことを「条件分岐」というよ。

条件の中身とすることとの
対応をよく見ないといけな
いですね。

次からは間違いを見つけら
れるようになりたいな！

**覚えて
おこう！**

□「もし<>なら」の次に来るのは、<>のところの条件が成立するときの動き

□「でなければ」の次に来るのは、「もし<>なら」の条件が成立しないときの動き

□ プログラムを最初の状態にすることを「初期化」という

○ プログラムに名前をつけて保存する

このプログラムは2日目でも使うので、プログラムに名前をつけて保存しておきましょう。

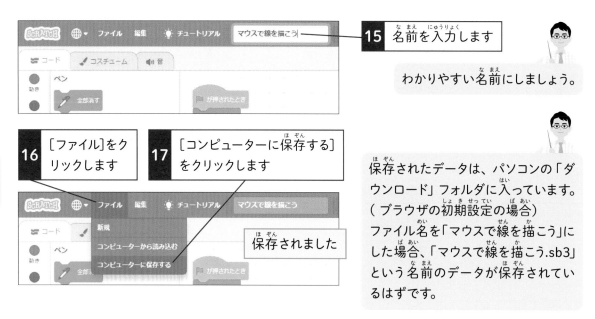

15 名前を入力します

わかりやすい名前にしましょう。

16 [ファイル]をクリックします

17 [コンピューターに保存する]をクリックします

保存されました

保存されたデータは、パソコンの「ダウンロード」フォルダに入っています。（ブラウザの初期設定の場合）
ファイル名を「マウスで線を描こう」にした場合、「マウスで線を描こう.sb3」という名前のデータが保存されているはずです。

○ プログラムを読み込む

プログラムを保存できたら、今度は保存したプログラムを読み込みましょう。

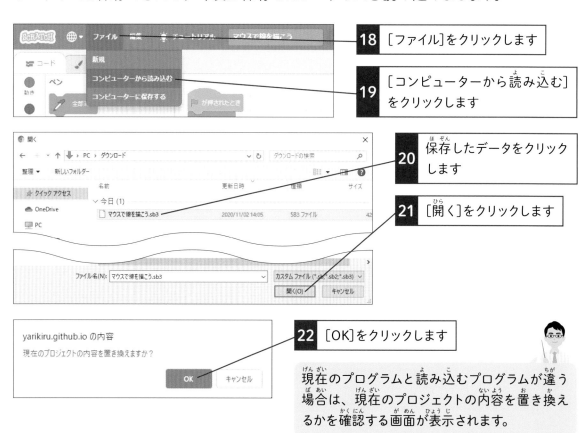

18 [ファイル]をクリックします

19 [コンピューターから読み込む]をクリックします

20 保存したデータをクリックします

21 [開く]をクリックします

22 [OK]をクリックします

現在のプログラムと読み込むプログラムが違う場合は、現在のプロジェクトの内容を置き換えるかを確認する画面が表示されます。

マウスで線を描こう

1日目

プログラムが読み込まれました

この本でも、プログラムを保存したり、読み込んだりしながら、学習を進めていきます。

○ 新しくプログラムを作るページを開く

新しくプログラムを作るページを開くときは、画面左上の[ファイル]から[新規]をクリックしましょう。

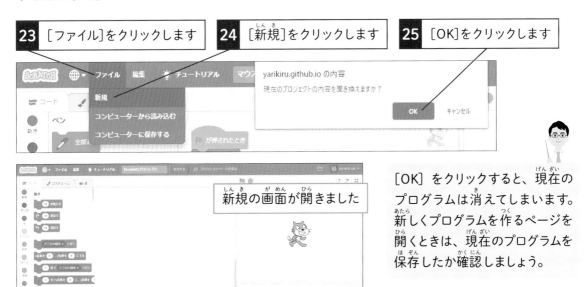

23	[ファイル]をクリックします
24	[新規]をクリックします
25	[OK]をクリックします

新規の画面が開きました

[OK]をクリックすると、現在のプログラムは消えてしまいます。新しくプログラムを作るページを開くときは、現在のプログラムを保存したか確認しましょう。

○ 拡張子を表示する

22ページの手順⑮〜⑰で保存したプログラムは、ファイル名の終わりに「sb3」というファイルの種類を表す拡張子がついています。この拡張子が表示されない場合はファイルの保存場所を開いて[表示]から[ファイル名拡張子]の□にチェックを入れます。

26 [表示]をクリックします

27 [ファイル名拡張子]をクリックします

知ってると
カッコいい!
キーワード

拡張子 ▶ ファイル名の最後につく「.」(ドット)のあとの文字のこと。ファイルの種類を表す。

チャレンジ！
自分で考えて作ってみましょう。

① ペンの色を変える
space キーを押すとペンの色が変わるプログラムを作ってみましょう。

ヒント：
ペンの色を変えるブロック
はペンのところにあるよ

解答は44ページにあるよ。参考にしてね！

7日目チャレンジ（124ページ）の解答

炎のプログラムを改造します。［もしドラゴンHP >2なら、〜でなければ］を［炎を出せを受け取ったとき］の下につなげます。［見た目］にある表示サイズのブロックを使って、ドラゴンHPが2より大きいなら大きさを100％にし、そうでなければ、つまりHPが2以下なら大きさを200％にするようにします。

※チャレンジの解答ページは1日ずつずれています。1日目チャレンジの解答は2日目チャレンジページにあります。こちらは124ページにある7日目チャレンジの解答です。

1日目

マウスで線を描こう

2日目

あたり

○×クイズを作ろう

○×クイズを作ろう

「AI」って何ですか?

AI（人工知能）は「学ぶことができるコンピューター」のことだよ。AIにできることの1つが、写真などのデータを種類ごとに分けることなんだ。そのためには、まずAIにいろんなものを教える必要がある。たとえばスーパーで売っているリンゴは、大きさや形、色も少しずつ違うよね。だから、なるべくたくさんのリンゴをAIに見せて、「これらは全部リンゴだよ」って教えてあげるんだ。こうしてAIが学ぶことを「学習」というよ。私たち人間が学習しながらものを覚えていくのと同じだね。

学習

AI

○×クイズはどうやって作るのですか?

スクラッチでは、AIに学習させたいものをパソコンのカメラに映したり、ステージに描いたりするところからはじめるよ。○×クイズは、ねこが出した問題に、ステージにマウスで○か×を描いて答えるよ。手描きの「○」「×」にそれぞれラベル（目印）をつけてAIに学習させるんだ。そうしてねこが出したクイズに○か×で答えて、正しければ「あたり」、間違っていたら「はずれ」と出すような条件をプログラムするよ。

条件分岐

↓
もし○なら
はい ↓　　いいえ ↓
「あたり」と言う　「はずれ」と言う

知ってると
カッコいい！
キーワード

AI ▶ Artificial Intelligence（アーティフィシャル・インテリジェンス）の略で人工的な知能のこと。データの特徴を読み取ったり、種類ごとに分けたりすることができる。

データ ▶ もともとは「与えられた事実」という意味。ここでは、数字や文字、写真などコンピューターで扱える情報のこと。

2-1 AIを使う準備をしよう

動画はこちら

https://dekiru.net/tsdai_scr3_201

1日目に作ったプログラムに追加していきます。22ページを参考に、保存した1日目のプログラムを読み込んでから、手描きの記号を学習させる準備をしましょう。

スクラッチにAI機能を追加する!

AI機能を追加して、手で描いた記号が何の記号かスクラッチに教えます。

● 画像認識をするための拡張機能を追加する

画像認識をするために必要な拡張機能を追加します。この機能を追加するとパソコンのカメラがオンになり、ステージにカメラの画像が映りますが、ここではカメラの画像は使わないため、このあとオフにします。

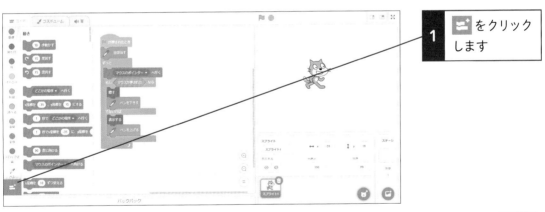

1 📷 をクリックします

2 [ML2Scratch]をクリックします

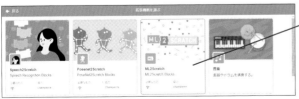

yarikiru.github.io/scratch-gui/

yarikiru.github.io が次の許可を求めています

📷 カメラを使用する

許可　ブロック

3 [許可]をクリックします

カメラの使用許可のメッセージが出るのは最初だけです。

2日目 ○×クイズを作ろう

できる **27**

[コード] の部分に ML2Scratchのブロックが表示され、ステージにはカメラの画像が映ります

○「カメラ」から「ステージ」に切り替える

ここでは、ステージに描いた記号をAIに学習させるため、ビデオをオフにして、カメラの画像からもとのステージに切り替えます。

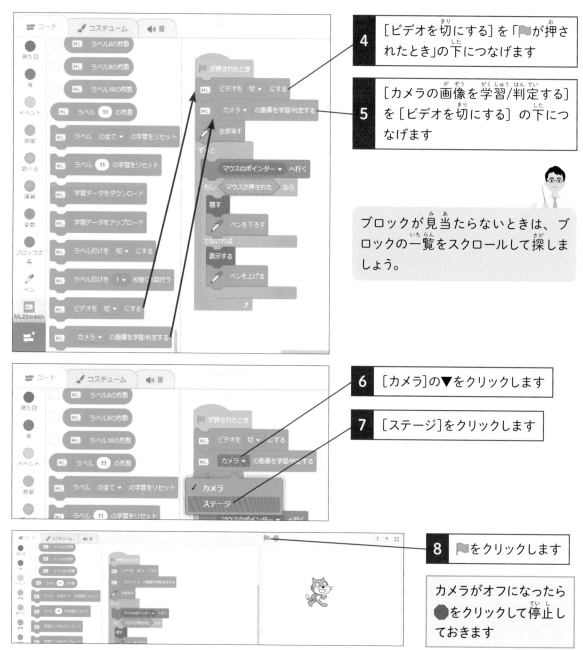

4 [ビデオを切にする] を「▶が押されたとき」の下につなげます

5 [カメラの画像を学習/判定する] を [ビデオを切にする] の下につなげます

ブロックが見当たらないときは、ブロックの一覧をスクロールして探しましょう。

6 [カメラ]の▼をクリックします

7 [ステージ]をクリックします

8 ▶をクリックします

カメラがオフになったら●をクリックして停止しておきます

○ ラベルを用意する

ここでは、「○」と「×」と何もない白紙の状態の3つのラベルを用意します。学習した回数がわかるようにしてから、学習用のブロックを並べます。

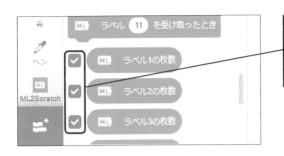

9 [ラベル1の枚数][ラベル2の枚数][ラベル3の枚数] の□をクリックして、チェックを入れます

ステージにラベル1からラベル3までの枚数が表示されます

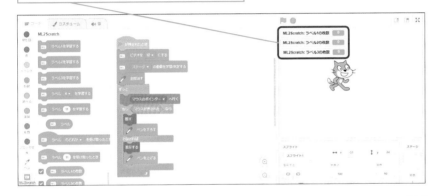

[ラベル○の枚数]は学習をさせた回数です。最初は0になっています。

10 [ラベル1を学習する]をドラッグして右側の枠にドロップします

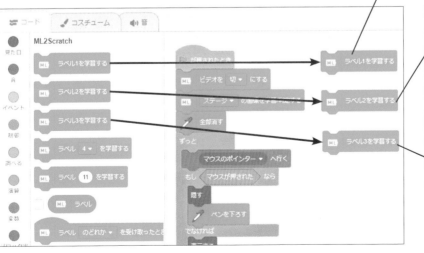

11 [ラベル2を学習する]をドラッグして右側の枠にドロップします

12 [ラベル3を学習する]をドラッグして右側の枠にドロップします

[ラベル○を学習する]ブロック同士はつながらないようにしましょう。

2-2 | 記号を学習させよう

動画はこちら
https://dekiru.net
/tsdai_scr3_202

「ステージに記号を書く」→「学習」（ラベルをつける）という操作をしていきます。「○」「×」「白紙」という3つの状態をそれぞれ20回学習させます。

手書きの記号を学習させる！

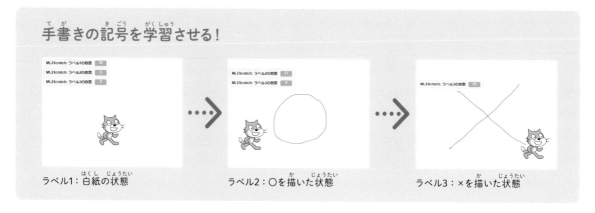

ラベル1：白紙の状態　　　　ラベル2：○を描いた状態　　　　ラベル3：×を描いた状態

2日目
○×クイズを作ろう

○ 白紙の状態を学習させる

まずはステージに何も描かれていない、ねこだけが表示されている状態を学習させます。この状態を学習させることで、「ステージに何かが描かれるまで待つ」という命令を出すことができます。ねこの位置を移動させて、いろんなパターンを学習させましょう。

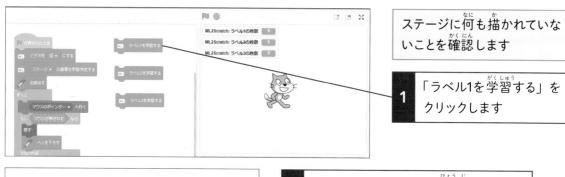

ステージに何も描かれていないことを確認します

1 「ラベル1を学習する」をクリックします

yarikiru.github.io の内容

最初の学習にはしばらく時間がかかるので、何度もクリックしないで下さい。

OK

2 このようなメッセージが表示されたら、[OK]ボタンをクリックします

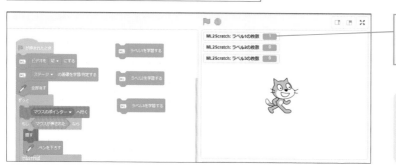

少し待つとラベル1の枚数が「1」になります

ステージに何も描いていない状態を1回学習したということです。

3 ねこを適当な位置にドラッグします

4 「ラベル1を学習する」をクリックします

ラベル1の数字が2になります

5 ねこの位置を適当にずらしながら、手順③と④をラベル枚数が20以上になるまで繰り返します

ＡＩの精度を上げるためには最低でも20回ほど学習させる必要があります。

6 [ラベル1の枚数]の□をクリックして、チェックをはずします

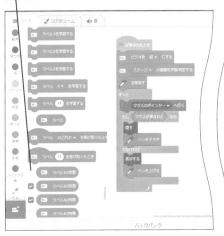

ステージのラベル1の表示が消えました

ラベルの枚数の表示は不要になったものから順次チェックをはずして消していきましょう。

○「○」を学習させる

次は○を描き、ラベル2を学習する操作を20回以上繰り返します。

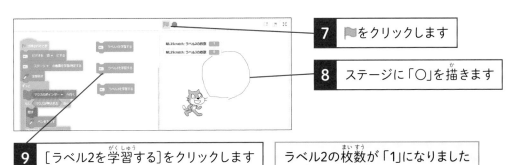

7 ▶をクリックします

8 ステージに「○」を描きます

9 [ラベル2を学習する]をクリックします

ラベル2の枚数が「1」になりました

10 🏁をクリックします

プログラムがリセットされ、ステージに描いた○が消えました

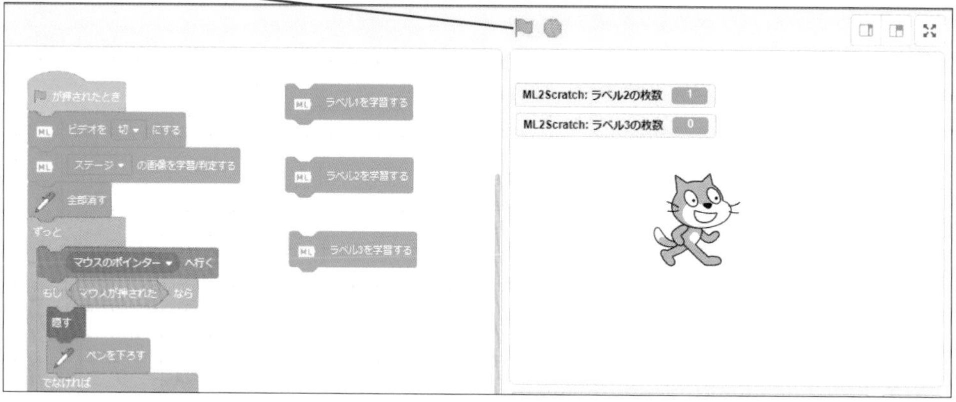

11 再びステージに「○」を描きます

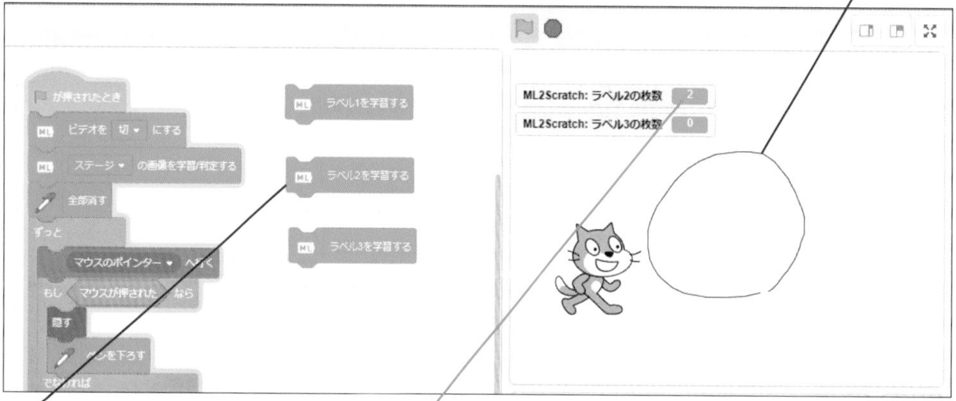

12 ［ラベル2を学習する］をクリックします

ラベル2の枚数が「2」になりました

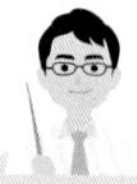

○のパターンやねこの位置を変えながら学習させます。猫の位置を変えるときは○を描いたあとに⬣をクリックして、プログラムを止めてからねこをドラッグする必要があります。

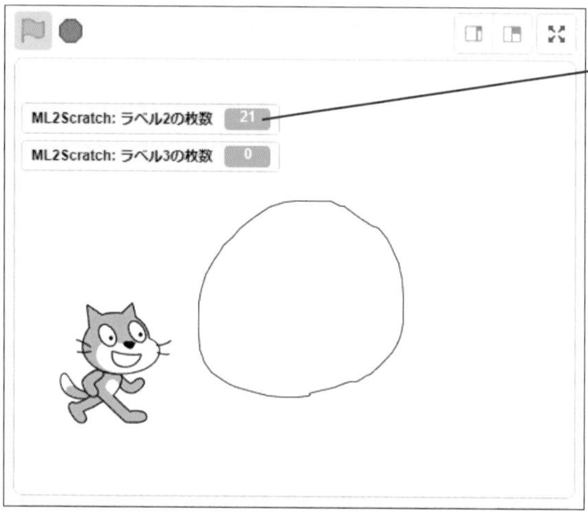

13 手順⑩～⑫をラベルの枚数が「20」以上になるまで繰り返します

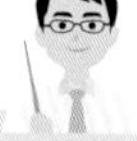

ラベルの学習を間違ってしまった場合は、間違った数が少ないのであれば気にせず学習を続けてください。学習する数を増やすことで間違ったデータは影響がなくなるようになります。

14	［ラベル2の枚数］のチェックをはずします		ステージのラベル2の表示が消えました

○「×」を学習させる

同じように×を描き、ラベル3を学習する操作を20回以上繰り返します。

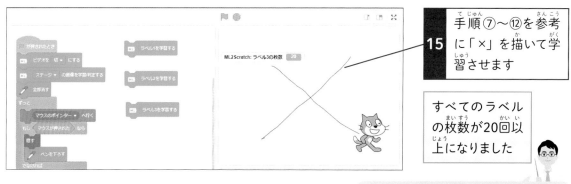

15	手順⑦～⑫を参考に「×」を描いて学習させます

すべてのラベルの枚数が20回以上になりました

これで3種類の学習が終わりました。

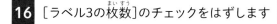

16	［ラベル3の枚数］のチェックをはずします		ステージのラベル3の表示が消えました

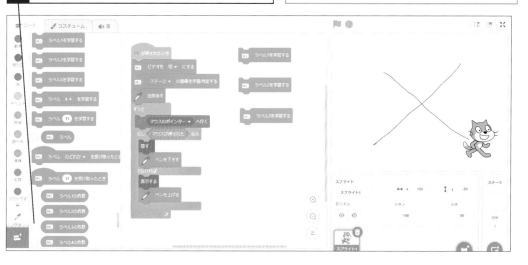

動画はこちら
https://dekiru.net
/tsdai_scr3_203

〇×クイズを出題するプログラムを作ります。クイズが表示される時間も考えながら作りましょう。

ねこのセリフでクイズを表示します

▶をクリックすると、クイズをはじめるかけ声のあとにクイズの内容が表示されます。

2日目

〇×クイズを作ろう

○ クイズをセリフで表示する

ねこがセリフでクイズを出すようにします。セリフを入力したら、セリフの長さによって表示する時間も決めましょう。

1 [イベント] をクリックします

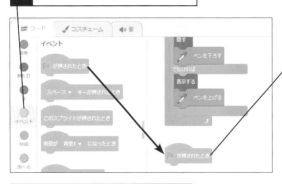

2 [▶が押されたとき] をドラッグして、右側の枠にドロップします

クイズの出題については、また新しく [▶が押されたとき] からプログラムを作っていきます。

3 [見た目] をクリックします

4 [こんにちは!と2秒言う] を [▶が押されたとき] の下につなげます

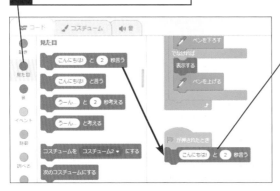

5 「こんにちは!」をクリックします

「こんにちは!」の部分が青色になりました。これはその文字が選択されたことを表しています

6 「クイズをします」と
入力します

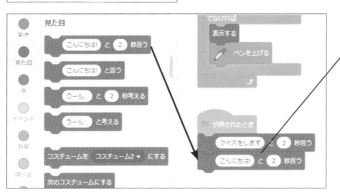

7 ［こんにちは！と2秒言う］を
［クイズをしますと2秒言う］
の下につなげます

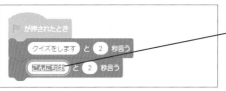

8 ［こんにちは！］をクリック
します

9 クイズを入力します。
ここでは「パンダのしっぽは白い。○×どっ
ち?」という内容のクイズを入力しました

「○」は「M」「A」「R」「U」と入力して変換、「×」は
「B」「A」「T」「U」と入力して変換します。

10 ［パンダのしっぽは白い。○×どっち?
と2秒言う］の「2」を「4」にします

数字は4ページを参考に半角で入力しましょう。

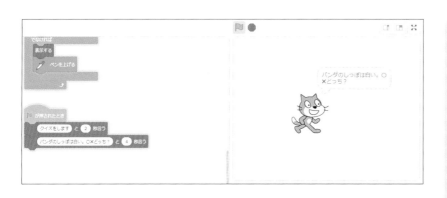

▶をクリックし、ねこを
ステージの中央に移動
すると、ねこのセリフ
が「クイズをします」と
2秒間表示され、その
あと「パンダのしっぽ
は白い。○×どっち?」
と4秒間表示されま
す。確認ができたら●
をクリックして、停止し
ましょう。

2日目

○×クイズを作ろう

| クイズの答えを待とう

動画はこちら

https://dekiru.net
/tsdai_scr3_204

クイズが出たら、〇か×の答えが描かれるまで待つようにプログラムを作ります。

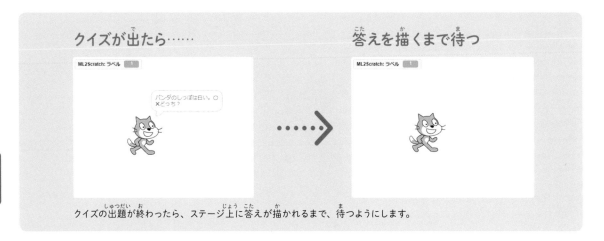

クイズが出たら……

答えを描くまで待つ

クイズの出題が終わったら、ステージ上に答えが描かれるまで、待つようにします。

◯ 白紙の状態ではなくなるまで待つ

[<>まで待つ]というブロックを使って、ステージに答えを描くまで待つというプログラムを作ります。何かが描かれるのを待つということは、「白紙ではなくなるまで待つ」というプログラムにすればよいですね。白紙はラベル1なので、「ラベル1ではなくなるまで待つ」とします。

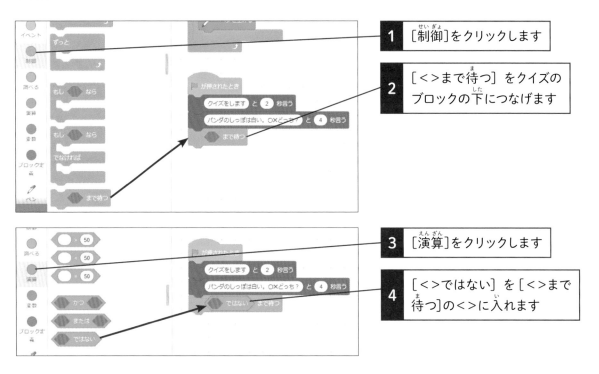

1 [制御]をクリックします

2 [<>まで待つ]をクイズのブロックの下につなげます

3 [演算]をクリックします

4 [<>ではない]を[<>まで待つ]の<>に入れます

2日目
〇×クイズを作ろう

| 5 | [○=50]を「 <>ではない」の<>に入れます |

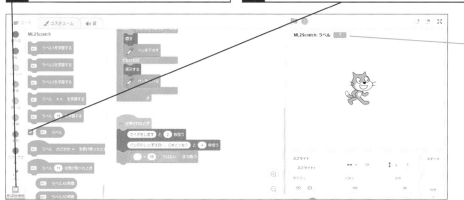

| 6 | [ML2Scratch]をクリックします | 7 | [MLラベル]の□にチェックを入れます |

ステージにラベルが表示されました

ステージに表示されたラベルは、ステージ上の画像を読み取って、学習した1～3のラベルのうち、今どれが表示されているかを教えてくれています。今は何も描いていないので「1」となっています。

| 8 | [MLラベル]を[○=50]の○に入れます |

| 9 | [MLラベル=50]の「50」を「1」にします |

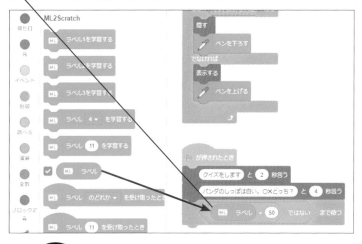

「ラベル=1ではない」って白紙の状態じゃないってことなんだ！

そうだね。つまり「ラベル=1ではないまで待つ」というのは「白紙の状態ではなくなるまで待つ」ということだね。これで、ステージに答えを描くまで待つというプログラムができたよ。

2-5 | 答えを判定しよう

動画はこちら

https://dekiru.net
/tsdai_scr3_205

次に、ステージに手描きした答えが正解かどうか判定するようにします。
判定はねこのセリフで表示します。

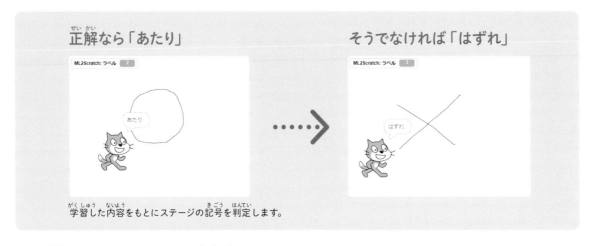

正解なら「あたり」　　　　　　　　そうでなければ「はずれ」

あたり　　　　　　　　　　　　　　はずれ

学習した内容をもとにステージの記号を判定します。

2日目 ○×クイズを作ろう

○ 判定をセリフで表示する

もし正解なら「あたり」、そうでなければ「はずれ」と、ねこのセリフが表示されるように
してみましょう。

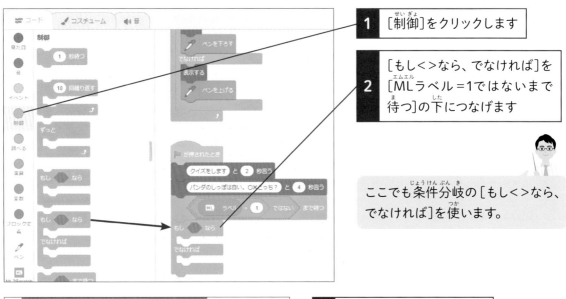

1 [制御]をクリックします

2 [もし<>なら、でなければ]を
[MLラベル＝1ではないまで
待つ]の下につなげます

ここでも条件分岐の[もし<>なら、
でなければ]を使います。

3 [MLラベル＝1]の「＝」の
あたりを右クリックして、
[複製]をクリックします

複製は便利なので覚えておこう！

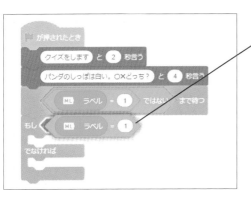

4　[もし<>なら]の<>の部分に複製したブロックを入れます

5　[MLラベル=1]の「1」を「2」にします

ここでは「パンダのしっぽは白い。○×どっち？」の問題の正解は「○」です。○のラベルは2でしたね。

6　[見た目]をクリックします

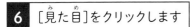

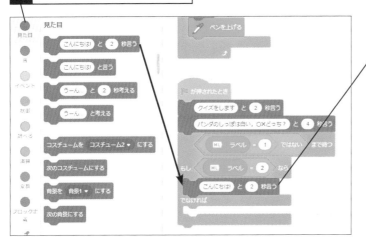

7　[こんにちは！と2秒言う]を[もしMLラベル=2なら]の下に入れます

8　[こんにちは！と2秒言う]の「こんにちは！」を「あたり」にします

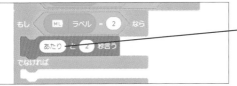

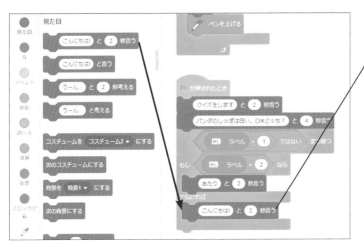

9　[こんにちは！と2秒言う]を[～でなければ]の下に入れます

[～でなければ]は、この場合は「ラベル=2でなければ」ということですね。

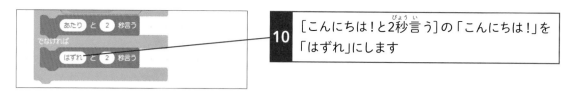

10 [こんにちは！と2秒言う]の「こんにちは！」を「はずれ」にします

○ 判定まで2秒待つようにする

クイズの出題が終わった2秒後に、「あたり」「はずれ」の判定が出るようにします。

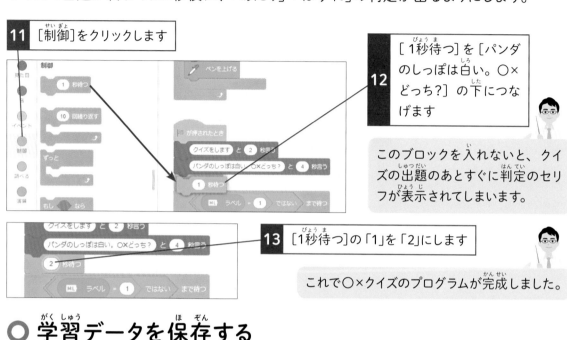

11 [制御]をクリックします

12 [1秒待つ]を[パンダのしっぽは白い。○×どっち？]の下につなげます

このブロックを入れないと、クイズの出題のあとすぐに判定のセリフが表示されてしまいます。

13 [1秒待つ]の「1」を「2」にします

これで○×クイズのプログラムが完成しました。

○ 学習データを保存する

22ページで、プログラムの保存の方法を学びましたが、プログラムの保存では[ML2Scratch]で学習したデータは保存されません。プログラムの保存とは別に学習データも保存しましょう。

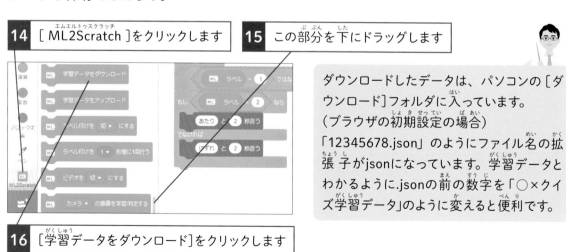

14 [ML2Scratch]をクリックします

15 この部分を下にドラッグします

ダウンロードしたデータは、パソコンの[ダウンロード]フォルダに入っています。（ブラウザの初期設定の場合）
「12345678.json」のようにファイル名の拡張子がjsonになっています。学習データとわかるように.jsonの前の数字を「○×クイズ学習データ」のように変えると便利です。

16 [学習データをダウンロード]をクリックします

○ 学習データをアップロードする

保存したデータをアップロードすることで、使えるようになります。

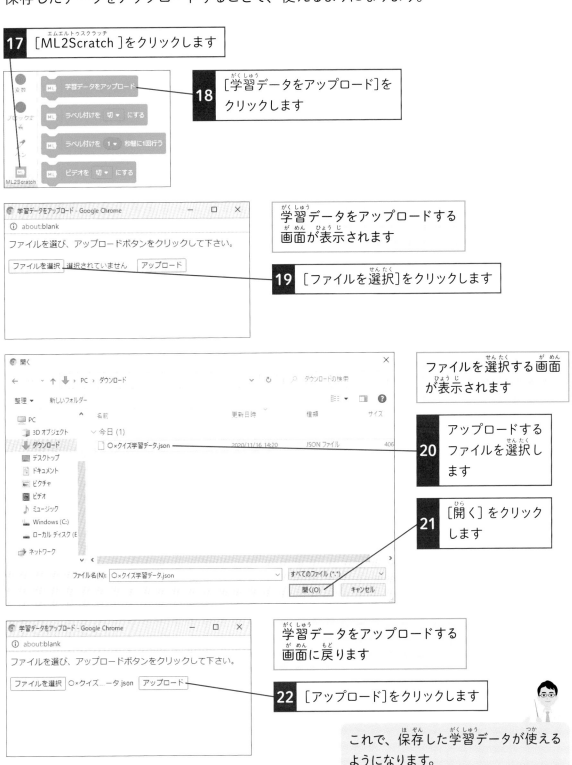

17 [ML2Scratch]をクリックします

18 [学習データをアップロード]をクリックします

学習データをアップロードする画面が表示されます

19 [ファイルを選択]をクリックします

ファイルを選択する画面が表示されます

20 アップロードするファイルを選択します

21 [開く]をクリックします

学習データをアップロードする画面に戻ります

22 [アップロード]をクリックします

これで、保存した学習データが使えるようになります。

知ってると
カッコいい！
キーワード
アップロード▶インターネット上などに自分のコンピューターからデータを転送すること。

ここまでできたら🚩をクリックして確認してみよう。手描きの判定がうまく行けば、あたりとはずれが正しく表示されるはずだよ。

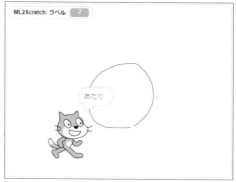

すごい！ ○、×を読み取っている！

ラベルの数値が書いたものと違ってます……

正しく認識されない場合は、学習を増やすと精度が上がるよ。認識されなかった記号を消さずに［ラベルを学習する］ブロックで学習することでより高い精度で判定ができるようになるんだ。何度も繰り返して確認して、よいものにしてみよう。形の違ういろいろなパターンを学習させると精度は上がるよ。

だいぶ間違えなくなってきたわ。

クイズの問題も違うの考えてみよう！

覚えておこう!

☐ 学習を繰り返すことで認識精度は上がる

☐ さまざまなパターンを学習すると精度は上がる

AIについてもう少し教えて下さい。

AIがよく使われている分野が、さっきやってもらったような画像認識なんだ。動画の中に人間が映っていることや、顔を認識して誰がいたか判定するといった機能は最近よく見かけるのではないかと思います。そこで使われているのがAIの技術なんだよ。

この記号が〇、この記号が×、と1つずつ教えていくのが、小さい子に文字を教えるような感じでしたね。

そう。AIの技術の1つである「ディープラーニング」は人間などの生物の脳を構成する神経細胞（ニューロン）の動きを模して作られているんだ。人間が学習するときに、何度も正しい内容を覚え込ませることで記憶が定着して、学習できる。これと同じように何度もデータを与えることで、コンピューターでも認識できるようになるんだ。

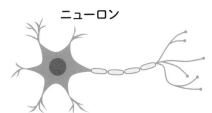

ニューロン

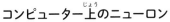
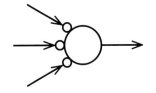

コンピューター上のニューロン

だから学習させるのが大事なんですね。

AIを使いこなすには、どのように学習させるかがポイントになるんだ。今回作った画像認識のプログラムを見てもわかるように、記号の描き方なんかで認識しやすいものや、認識しにくいものがあったはずだ。認識しにくいものがないようにいろんなパターンを学習させると、うまく使えるようになるよ。

覚えておこう！
☐ ディープラーニングは、ニューロンの動きを模して作られている
☐ AIを使うには学習させるためのパターンをどのようにAIに与えるかが重要

チャレンジ！
自分で考えて作ってみましょう。

①正解するまで問題を出題する

問題に正解するまで繰り返し問題を出題するプログラムを考えて作ってみましょう。

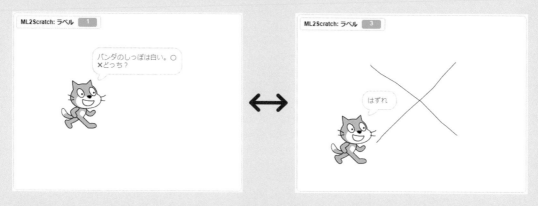

ヒント:

・正解するまで繰り返すので、「ずっと」繰り返す必要があります。

・正解したときには終わらないといけないので、繰り返しを止める必要があります。［制御］にある［すべてを止める］などは使えそうですね。

・はずれたときはもう1回ペンで描かないといけません。前に描いたものがあると困りますね。

解答は66ページにあるよ。参考にしてね！

1日目チャレンジ（24ページ）の解答

space キーが押されたときに、ペンの色が変わるようにします。

2
日
目

○×クイズを作ろう

3日目
AIレジを作ろう

3日目に学ぶこと

3-1 商品の画像を学習させよう
AIに商品を学習させる方法を学びます。

3-2 商品に値段をつけよう
「リスト」の作り方を学びます。

3-3 レジ作りの準備をしよう
金額や商品番号のデータを保存するための「変数」について学びます。

3-4 ラベル番号ごとに処理を分けよう
条件分岐を使って、読み取ったものによって処理を分ける方法を学びます。

3-5 金額を計算する処理を作ろう
変数や条件分岐を使って計算する方法を学びます。

AIレジを作ろう

AIレジって何ですか？

ここでは、パソコンのカメラに商品を映すと、その商品の値段が足されていくレジを作るよ。このレジを作るには、まず準備として①スクラッチで商品ごとにラベルをつける、②ラベルごとに値段をつける、という作業が必要だね。このうち①の部分がAIによる学習の処理になるよ。

① ラベル1 …… 150円 ②
ラベル2 …… 200円
ラベル3 …… 100円

計算はどうやるのですか？

商品を読み取ったら、「そのラベルの商品がいくらか」を調べて、「合計」という箱に計算した金額を入れていくよ。この箱のことを「変数」というんだ。ラベル番号によって次の処理を変えるから、条件分岐させる必要があるね。

ラベル1　150円
ラベル2　200円
ラベル3　100円
合計

もしラベル1の商品なら→　　　いくらか調べて→　　　合計の箱に入れる

知ってると
カッコいい！
キーワード

変数 ▶ データを一時的に保存するための入れ物のこと。変数には名前をつけることができ、名前を指定すると中身を読み出せる。

3-1 | 商品の画像を学習させよう

動画はこちら

https://dekiru.net
/tsdai_scr3_301

はじめに、AIが商品を認識できるように学習させます。今回はおうちにあるペンとはさみ、消しゴムの3種類を商品として用意して、パソコンのカメラに映る画像を認識できるようにします。

何もない状態と3つの商品を学習させる！

何もない状態は「ラベル1」

ペンは「ラベル2」

はさみは「ラベル3」

消しゴムは「ラベル4」

● 画像認識をするための拡張機能を追加する

23ページを参考に新規の画面を開いておきます。次に、2日目でも使った画像認識をするために必要な拡張機能、[ML2Scratch]を27ページを参考に追加しましょう。ここではカメラをオンにして、カメラの画像が映るようにします。

ML2Scratchのブロックが表示され、ステージにはカメラの画像が映ります

1 ねこを左下にドラッグします

ステージの中央に商品を映すのでねこは移動しておきましょう。

● ラベルを用意する

次に商品の画像を学習する準備をします。2日目にやったように、何もない状態と商品の数のラベルを用意します。商品が3つなので何もない状態と合わせて4つのラベルを用意しましょう。

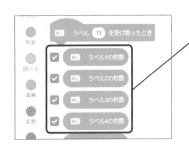

2 [ラベル1の枚数]から[ラベル4の枚数]の□をクリックして、チェックを入れます

ステージに［ラベル1の枚数］から
［ラベル4の枚数］まで表示されます

表示は見やすいようにドラッグして位置を調整
してください。

3 ［ラベル1を学習する］、［ラベル2を学習する］、［ラベル3を学習する］、［ラベル4を学習する］の4つのブロックをドラッグして、右側の枠にドロップします

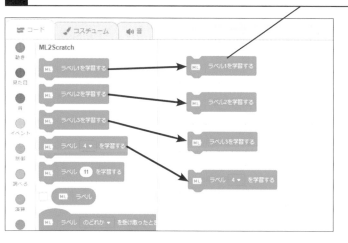

ラベル4のブロックは、「4」の部分を
クリックすると数字が4 〜 10まで選
べるようになっています。4つ以上
学習させたい場合はこのブロックを
使って、数を選びましょう。

商品を学習させる

ペンとはさみ、消しゴムを学習させます。また、何もない状態も忘れずに学習させましょう。何もない状態にラベル1をつけ、ペンをラベル2、はさみをラベル3、消しゴムをラベル4としていきます。

4 ステージに商品が映っていない状態にします

5 ［ラベル1を学習する］を20回クリックします

3日目 AI レジを作ろう

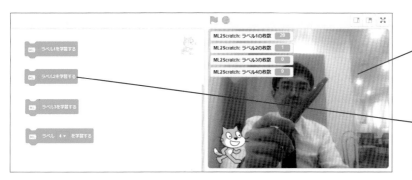

6 カメラにペンを映してステージに表示します

7 ステージにペンが表示されている状態で［ラベル2を学習する］をクリックします

8 ペンの角度や持ち方を変えて［ラベル2を学習する］をクリックします

9 ［ラベル2の枚数］が20になるまで繰り返します

いろんな角度で学習させることで、AIの画像を読み取る力がアップします。私たちが、リンゴを上から見ても、横から見てもリンゴだと認識できるのと同じことです。

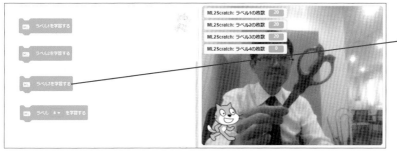

10 手順⑥〜⑧を参考に、はさみをラベル3として学習させます

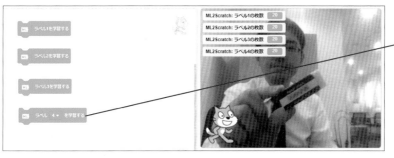

11 同じように消しゴムをラベル4として学習させます

●学習を確認する

すべての学習が終わったら、正しく認識されるか確認します。

| 12 | ［ラベル］の□をクリックして、チェックを入れます | | ステージにラベルが表示されます |

ラベルの表示は見やすいようにドラッグして位置を調整してください。

| 13 | 商品をカメラに映します |

| 14 | 商品を映したときに、ステージのラベルの番号が正しいものになるか確認します |

何もないときは「1」、ペンのときは「2」、はさみのときは「3」、消しゴムのときは「4」になれば合っています。そのようにならない場合は、学習する数を増やして、もう一度確認します

| 15 | 「ラベル1の枚数」から「ラベル4の枚数」のチェックをはずします |

枚数の表示が消えます

ステージ上のラベルは確認用に残しておきます。

（左余白・縦書き）
3日目　AI レジを作ろう

3-2 商品に値段をつけよう

動画はこちら
https://dekiru.net/tsdai_scr3_302

商品ごとの値段がわかる一覧表を作りましょう。この一覧表のことを「リスト」といいます。リストでは、上から順番に番号が振られていて、ラベルの番号と照らし合わせて、同じ番号にある情報を取り出せます。

商品名と値段の情報が記録されたリストを作成

ラベル	リスト 番号	商品名	値段
1	1	(何もない)	(何もない)
2	2	ペン	150
3	3	はさみ	200
4	4	消しゴム	100

ラベル3の商品名と値段を教えて！

「はさみ」で「200」です。

リストは、上から順に番号が振られていて、番号ごとに商品名と値段を決めていきます。
この順番はラベルの番号と同じなので、ラベルの番号を指定すると、リストからその番号の商品や値段を取り出せます。

● 商品名リストを作る

まず商品名のリストを作って、1から順番に「(何もない状態)」「ペン」「はさみ」「消しゴム」という項目を入れます。「何もない状態」というのは、何も映さない状態なので空白のままにします。

1 ［変数］をクリックします

2 ［リストを作る］をクリックします

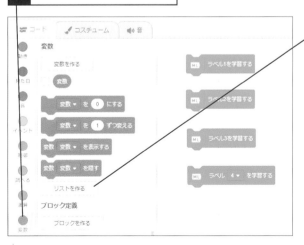

知ってると
カッコいい！
キーワード

リスト ▶ 順序つきで複数のデータを保存できる変数。関連のあるデータをまとめて扱うことができる。

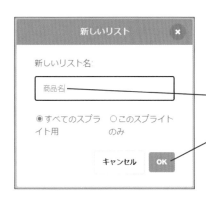

[新しいリスト] ダイアログボックスが
表示されます

3 「商品名」と入力します

4 [OK]ボタンをクリックします

商品名のリストができました

5 [+]をクリックします

1番目の項目ができました。1番目は何もない状
態なので、このまま2番目の項目を作りましょう。

6 [+]をクリックします

2番目の項目ができました

7 「ペン」と入力します

8 | 手順⑥〜⑦を参考に、3番目と4番目の項目を作り、それぞれ「はさみ」「消しゴム」と入力します

リストの下にある [長さ] とは、そのリストが持っている項目の数のことです。ここでは4つの項目を作ったので [長さ4] となっています。

○ 値段リストを作る

値段リストを作ります。商品名リストの番号と対応するように、1に何もない状態、2にペンの値段「150」、3にはさみの値段「200」、4に消しゴムの値段「150」を入れます。

9 | 手順①〜④を参考に、「値段」というリストを作ります

10 | 手順⑤〜⑧を参考に、4つの項目を作り、それぞれの値段を入力します

1番目の項目は商品名リストと同じように空白にしましょう。2番目は「100」、3番目は「200」、4番目は「150」としています。

11 | [商品名]のチェックマークをクリックしてチェックをはずします

12 | [値段]のチェックマークをクリックしてチェックをはずします

ステージのリストが非表示になりました

リストが表示されたままだとステージが隠れてしまうので非表示にします。

3-3 | レジ作りの準備をしよう

動画はこちら
https://dekiru.net
/tsdai_scr3_303

レジでは、商品を検知して、その値段を足し算していきます。ここでは「合計」という箱を作って、その中に金額を貯めていきます。まずレジ作りの準備として、金額や商品番号を貯めるための箱を用意しましょう。

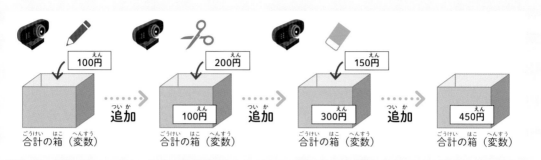

100円

200円

150円

追加 → 100円 → 追加 → 300円 → 追加 → 450円

合計の箱（変数）　合計の箱（変数）　合計の箱（変数）　合計の箱（変数）

合計の箱に金額を入れていくことで、足し算を行うイメージです。この箱のことを「変数」といいます。
なお「箱」というのはイメージで、実際に箱があるわけではありません。

○ 金額を貯める変数を作る

プログラミングでは、計算結果などを一時的に保存できる「箱」のようなしくみがあります。これを「変数」といいます。まず金額を貯めていく「合計」の変数を作りましょう。変数には必ずわかりやすい名前をつけます。

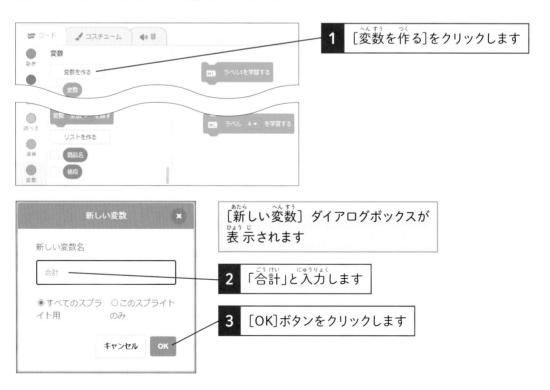

1 [変数を作る]をクリックします

[新しい変数] ダイアログボックスが表示されます

2 「合計」と入力します

3 [OK]ボタンをクリックします

3日目　AI レジを作ろう

ステージに変数「合計」の
ブロックが表示されました

ステージに表示された変数のブロックにある数字は、今その変数に入っているものを表しています。たとえばどんどん金額を追加していくと、その分数字が大きくなります。

● 商品番号を入れる変数を作る

カメラに映った商品をAIが認識したら、そのラベル番号を使って51 〜 53ページで作ったリストから商品名と値段を取ってくるようにプログラムします。このラベル番号を保存しておくための変数を作ります。

4 手順①〜③を参考に、「ラベル」という名前の変数を作ります

● ステージの変数「ラベル」を消す

変数「ラベル」は読み取ったラベル番号を保存するための入れ物なのでステージに表示する必要はありません。チェックをはずして表示を消しておきます。

5 「ラベル」のチェックをはずします

合計だけが表示されます

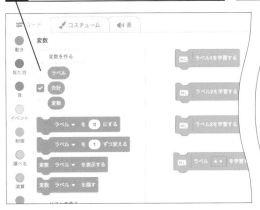

3-4 ラベル番号ごとに処理を分けよう

動画はこちら
https://dekiru.net
/tsdai_scr3_304

カメラに映った商品のラベル番号をもとに、処理を行うプログラムを作ります。もしラベル番号が1なら何もしない、ラベル番号が2 〜 4なら次の処理に進むようにします。

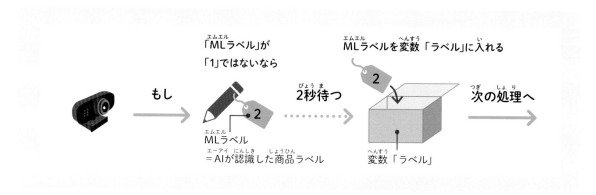

「MLラベル」が「1」ではないなら

もし

MLラベル
＝AIが認識した商品ラベル

2秒待つ

MLラベルを変数「ラベル」に入れる

変数「ラベル」

次の処理へ

● プログラムがスタートしたときの状態を作る

まずは、プログラムをスタートしたときの最初の状態を作ります。ここでは、▶を押すと合計金額が0になり、ねこがスタートの合図を出すようにしましょう。

1 [イベント]をクリックします

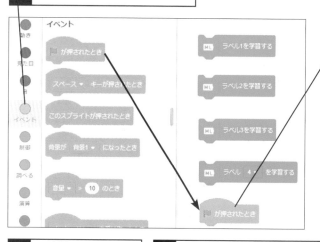

2 [▶が押されたとき]をドラッグして、右側の枠にドロップします

画面を下にスクロールしてブロックを置くスペースを広げましょう。

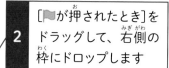

3 [変数]をクリックします

4 [ラベルを0にする]を[▶が押されたとき]の下につなげます

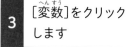

[ラベル▼]の部分は、作った変数名が表示されています。▼の部分をクリックすると、ほかの変数を選べます。

ここをクリック

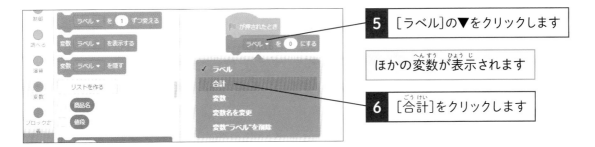

● ねこのセリフを作る

ねこがセリフで「計算します！」、「商品を映してください。」と2秒間ずつ表示するようにします。

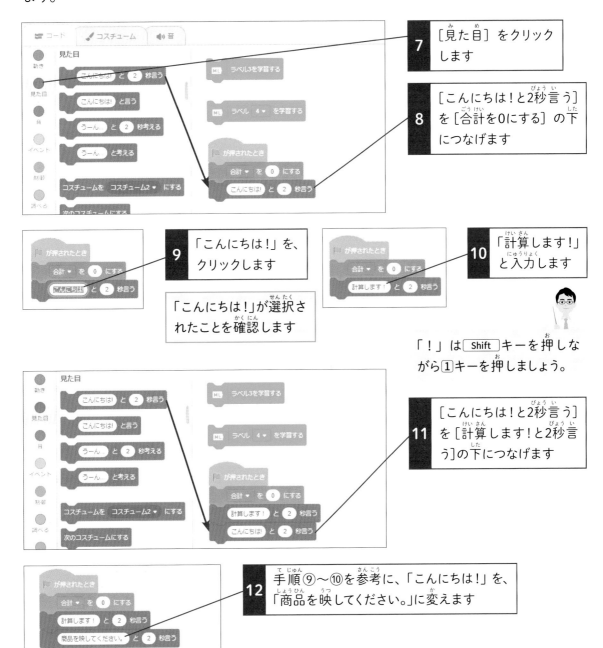

7　[見た目]をクリックします

8　[こんにちは！と2秒言う]を[合計を0にする]の下につなげます

9　「こんにちは！」を、クリックします

「こんにちは！」が選択されたことを確認します

10　「計算します！」と入力します

「！」は Shift キーを押しながら 1 キーを押しましょう。

11　[こんにちは！と2秒言う]を[計算します！と2秒言う]の下につなげます

12　手順⑨〜⑩を参考に、「こんにちは！」を、「商品を映してください。」に変えます

● ラベルごとに処理を分ける動きを作る

カメラに映ったものが何かによって、処理を分ける動きを作ります。まずは「カメラに何も映っていない状態か、そうではないか」という条件を作りましょう。「そうではない」ということは、どれかの商品が映っていることです。この条件は、読み取ったラベルの番号が「1ではないのか」（ラベル2〜4なのか）、「1なのか」と表せますね。そして1以外の番号であれば、このあとの処理に進みます。

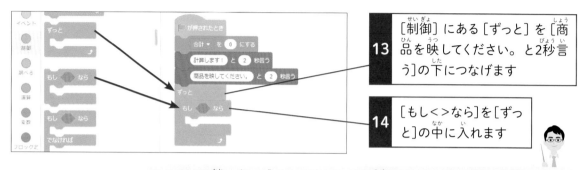

13	[制御] にある [ずっと] を [商品を映してください。と2秒言う]の下につなげます
14	[もし<>なら]を[ずっと]の中に入れます

[ずっと]は中に入れ込まれたブロックの動きをずっと繰り返す機能ですね。

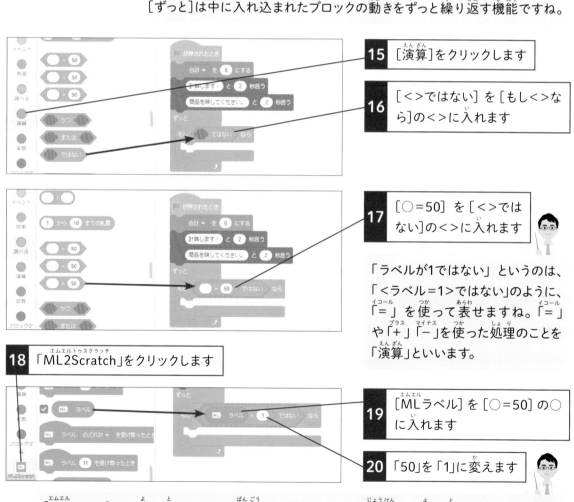

15	[演算]をクリックします
16	[<>ではない] を [もし<>なら]の<>に入れます

17	[○=50] を [<>ではない]の<>に入れます

「ラベルが1ではない」というのは、「<ラベル=1>ではない」のように、「=」を使って表せますね。「=」や「+」「−」を使った処理のことを「演算」といいます。

18	「ML2Scratch」をクリックします

19	[MLラベル] を [○=50]の○に入れます
20	「50」を「1」に変えます

[MLラベル]は、読み取ったラベル番号のことです。これで条件が「読み取ったラベル=1ではないなら」となりました。「ラベル=1ではないなら」は、「ラベル2〜4なら」という意味ですね。

読み取った商品のラベル番号を保存する

ステージに映ったものが「ラベル1ではない状態」が2秒間続くと、その番号で決まりとします。決まったら、その番号を変数「ラベル」に保存します。

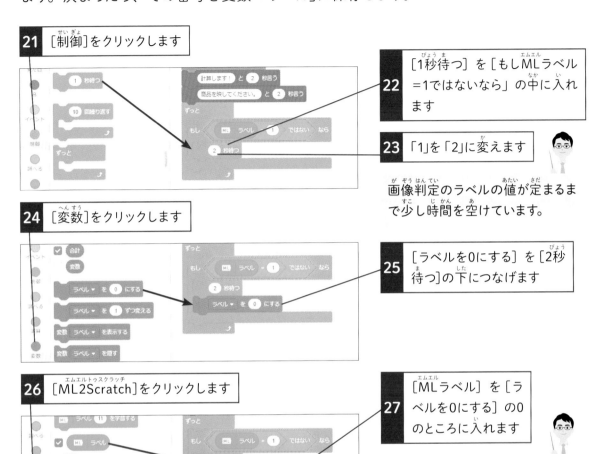

21 [制御]をクリックします

22 [1秒待つ] を [もしMLラベル=1ではないなら] の中に入れます

23 「1」を「2」に変えます

画像判定のラベルの値が定まるまで少し時間を空けています。

24 [変数]をクリックします

25 [ラベルを0にする] を [2秒待つ]の下につなげます

26 [ML2Scratch]をクリックします

27 [MLラベル] を [ラベルを0にする] の0のところに入れます

変数「ラベル」を [MLラベル]にするというのは、[MLラベル]の情報を変数「ラベル」に保存するということです。

これで商品を検出するプログラムが完成したね。▶を押して、商品をカメラに映してみよう。商品の判定がどのようにされているか確認したい場合は、変数の [ラベル]にチェックを入れてステージに表示させてみよう。MLラベルの数字が表示されてから2秒遅れて、変数ラベルの数字が表示されるよ。

動画はこちら

https://dekiru.net/tsdai_scr3_305

3-4では、カメラが認識したラベル番号を変数「ラベル」に入れるところまで作りました。ここでは次の処理として、3-4で変数「ラベル」に入れた数字が1でないことを確認して、ねこが「(商品名)は、(値段)円です。」とセリフを言って、値段を合計していく動きを作ります。

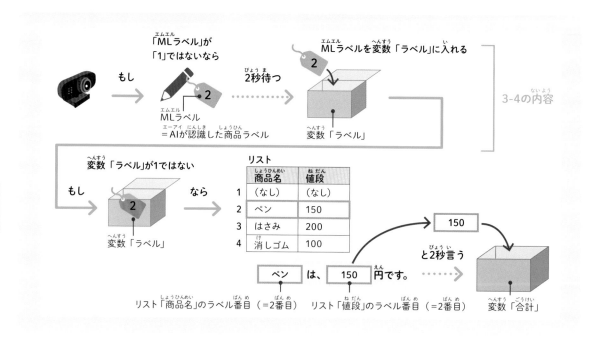

ラベルの内容を確認する

読み取った商品のラベルが2〜4の場合、変数「ラベル」にラベル番号が保存されているはずです。変数「ラベル」の中身が「1」ではないことをもう一度チェックします。

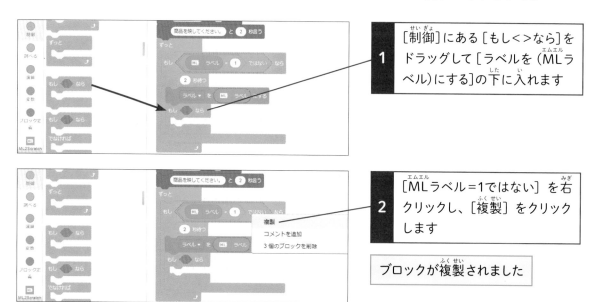

1 [制御]にある[もし<>なら]をドラッグして[ラベルを(MLラベル)にする]の下に入れます

2 [MLラベル=1ではない]を右クリックし、[複製]をクリックします

ブロックが複製されました

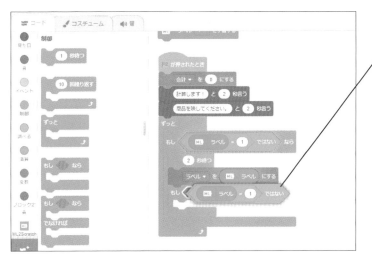

3 複製したブロックを、手順①で置いた［もし<>なら］の<>に入れます

複製しない場合、58ページの手順⑮から⑳までを繰り返さなければなりません。複製することで、プログラミングを効率化できるのです。

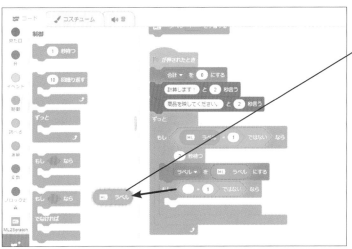

4 ［MLラベル＝1ではない］の［MLラベル］を左側の枠にドラッグして削除します

ＭＬ ラベル の上で右クリックして、［削除］を選ぶ方法でも、削除できます。

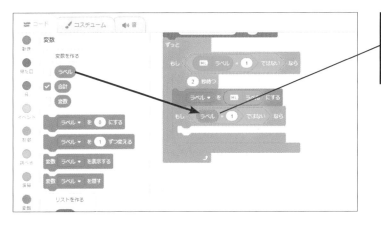

5 ［変数］にある［ラベル］をドラッグして、<○＝1>の○に入れます

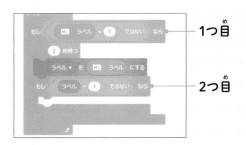

1つ目

2つ目

［もしラベル＝1ではないなら］というブロックが2つ必要なのは、判定の処理を安定させるためです。2つ目のブロックで、変数「ラベル」に保存されたラベル番号をもう一度「1」ではないか判定しています。

○ 音を追加する

商品を読み取ったときに音を鳴らすようにします。

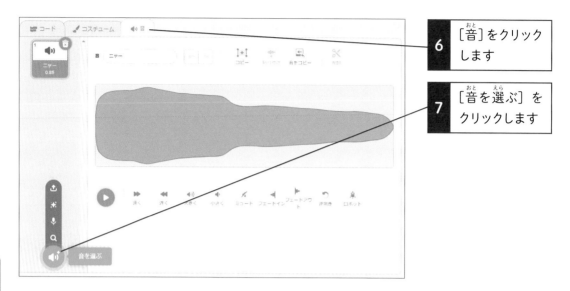

6 [音]をクリックします

7 [音を選ぶ]をクリックします

8 [効果]をクリックします

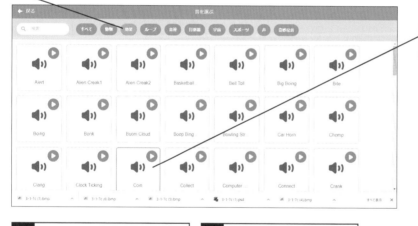

9 [Coin]をクリックします

「Coin」は「コイン」ですね。お金の音を選びました。

10 [コード]をクリックします

11 [音]をクリックします

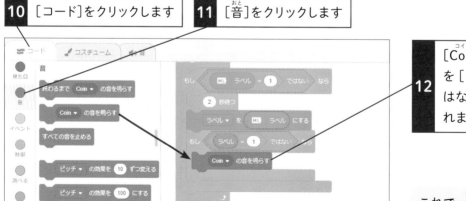

12 [Coinの音を鳴らす]を[もしラベル=1ではないなら]の中に入れます

これで、商品を読み取ったときだけ、音が鳴る処理が完成しました。

商品と金額を表示する

ねこがセリフを「（商品名）は、」「○○円です。」と2秒間ずつ表示するようにしましょう。
条件分岐を使って、商品ごとにセリフに表示する内容を変えます。

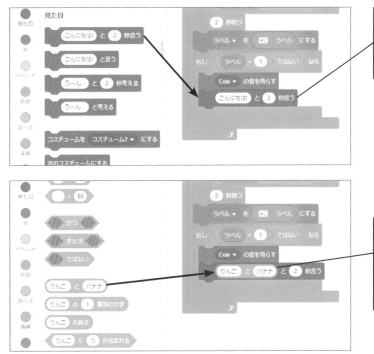

13 ［見た目］にある［こんにちは! と2秒言う］を［ Coinの音を 鳴らす］の下につなげます

まずは［こんにちは!と2秒言う］
のブロックで「（商品名）は、」のセ
リフを作っていきます。

14 ［演算］にある［りんごとバナ ナ］を「こんにちは!と2秒言う」 の「こんにちは!」のところに 入れます

［りんごとバナナ］を追加したのは、セリフの枠を増やすためです。この「りんご」
と「バナナ」のところに変数や言葉を入れて、セリフを作っていきます。

15 ［変数］にある［商品名 の1番目］を［りんごと バナナ］の「りんご」の ところに入れます

16 変数［ラベル］を［商 品名の1番目］の「1」の ところに入れます

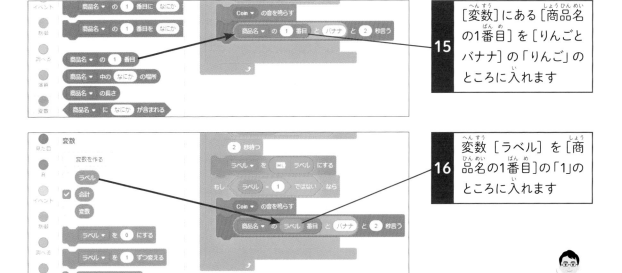

［商品名のラベル番目］というのは商品名リストの何番目ということです。たと
えば、読み取ったラベルが、「3」ならリストの3番目「消しゴム」を呼び出します。

17 「バナナ」を「は、」に変えます

これで「(商品名)は、」のセリフができました。

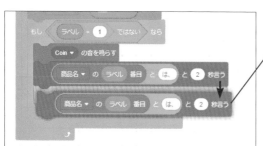

18 [○○と2秒言う] のブロックを複製して、下につなげます

複製は、ブロックを右クリックして選ぶのでしたね。

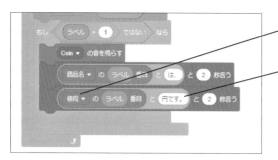

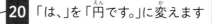

19 [商品名]を[値段]に変えます

20 「は、」を「円です。」に変えます

「○○円です。」のセリフもできました。読み取ったラベルをもとに金額を引き出します。

○ 合計金額を増やす

最後に、商品を読み取るたびに合計金額が増えていく動きを作ります。54ページで作った変数「合計」に金額を足していくようにします。

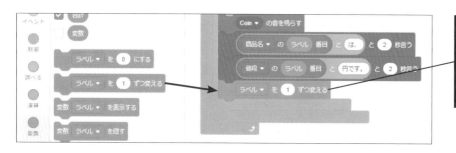

21 [変数] にある [ラベルを1ずつ変える] を下につなげます

22 手順㉑でつなげたブロックの [ラベル]を [合計]に変えます

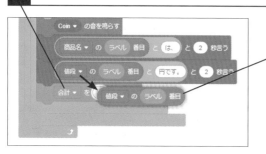

23 [値段のラベル番目] のブロックを複製して [合計を1ずつ変える] の「1」の部分に入れます

[合計を値段のラベル番目ずつ変える]とは、たとえば読み取った商品のラベルが「3」の場合、値段リストの3番目の値段が合計に加わるという意味です。

3日目 AI レジを作ろう

ここまでできたら ▶ をクリックして動かしてみよう。商品をカメラに映したときにうまく認識できるかな。

24 ▶ をクリックします

ここで動きを確認します

すごい！未来の
レジね！

ぼくのは計算が
できないよ！

よく見て！変数の名前を変え忘れているよ。

名前を間違えちゃ
だめよ。

うっかりして
ました……

<u>覚えて</u>
<u>おこう！</u>
☐ 変数は文字や数値を記録することができる
☐ 認識した内容が途中で変わらないようにするために、一旦変数に保存する

①読み込んだ品物の数を数える

ヒント：
変数を使って1つずつ数えていけば
いいですよね。

解答は80ページにあるよ。参考にしてね！

2日目チャレンジ（44ページ）の解答

ねこのセリフのプログラムを改造します。正解ならすべてのプログラムを止めるようにします。そうでなければ、ペンで描いた答えがすべて消え、またクイズが表示されるようにします。この動きをずっと繰り返すことで、正解するまでクイズが出題されるプログラムになります。

3
日
目

AIレジを作ろう

4日目

ねこキャッチゲームを作ろう①

キャラクターをいろんな場所に出すにはどうしたらいいのですか？

現れたり隠れたりというのを繰り返す動きと、いろいろな場所に出すという動きが必要なんだ。いろいろな場所に出すために、「乱数」という「毎回違う値が出る数字」を使うよ。ここでは、現れたり隠れたりする動きとそのタイミング（時間）を変化させるのにも使っているよ。

現れたり隠れたり

  繰り返す

いろいろなタイミングでいろいろな場所に現れる

でも、決まった穴にキャラクターを出すのですよね。どこでも出せばいいというわけではないので難しいですね。

穴に番号を割り当てて、番号を乱数で選ぶことで実現するんだ。「1の穴の位置はここ、2の穴の位置はここ」というように、穴の位置を決めておけば、乱数で選んだ数字をもとにキャラクターが決まった位置に現れるよ。

乱数

1	2	3	4

 →

1　2　3　4

知ってると カッコいい！ キーワード

乱数 ▶ サイコロのように、何が出るかわからない数のこと。

ランダム ▶ 不規則なこと。

4日目　ねこキャッチゲームを作ろう①

4-1 背景を用意しよう

動画はこちら

https://dekiru.net
/tsdai_scr3_401

最初にゲームの背景を用意します。キャラクターが出てくるための穴も用意しましょう。

穴が空いた地面を用意します

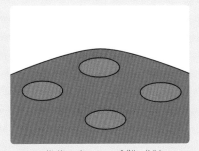

ゲームの背景を描きます。緑の地面とねこが現れる穴を描きましょう。

ステージを操作する場合

スプライトを操作する場合

スクラッチでは、スプライトや背景ごとにプログラムを作ります。ステージの下の部分で操作する対象を選択してから、プログラムを作っていきます。

○ 背景を描く準備をする

スクラッチでは自分で絵を描くこともできます。まず、ねこキャッチゲームの背景を描く画面に切り替えましょう。

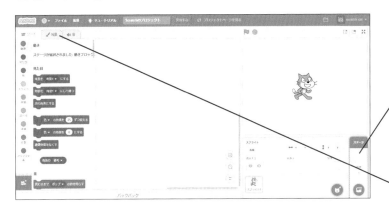

23ページを参考に新規の画面を開いておきます

1 ［ステージ］をクリックします

2 ［背景］をクリックします

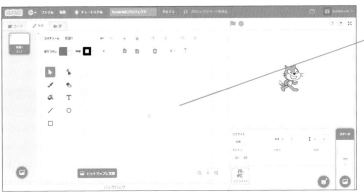

背景を描く画面に切り替わりました。この部分に背景を描きます

● 緑の地面を描く

まずは地面を描きましょう。ここでは山のように真ん中が少し盛り上がった緑の地面を描きます。

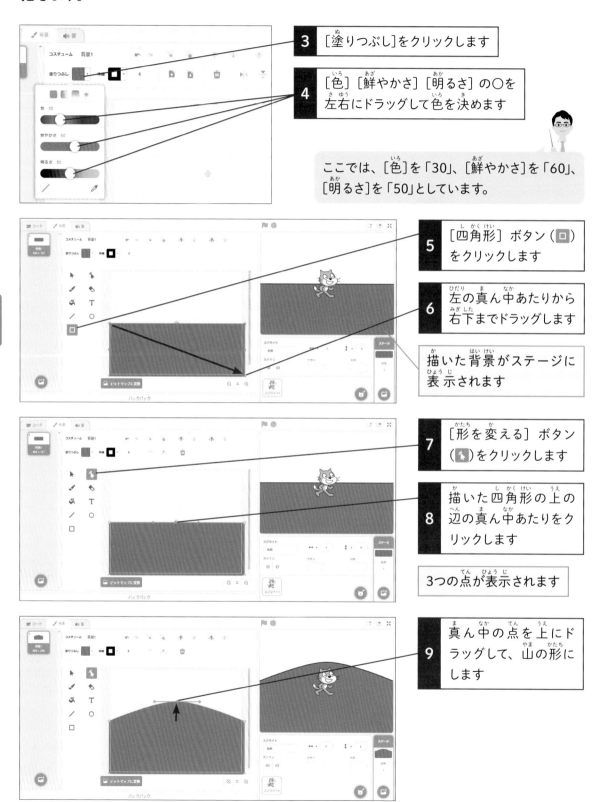

3 [塗りつぶし]をクリックします

4 [色][鮮やかさ][明るさ]の〇を左右にドラッグして色を決めます

ここでは、[色]を「30」、[鮮やかさ]を「60」、[明るさ]を「50」としています。

5 [四角形] ボタン(□)をクリックします

6 左の真ん中あたりから右下までドラッグします

描いた背景がステージに表示されます

7 [形を変える] ボタン(↖)をクリックします

8 描いた四角形の上の辺の真ん中あたりをクリックします

3つの点が表示されます

9 真ん中の点を上にドラッグして、山の形にします

4日目 ねこキャッチゲームを作ろう①

○ 穴を描く

最後に、穴を描きます。穴を1つ描いたら、複製して全部で4つの穴を作ります。

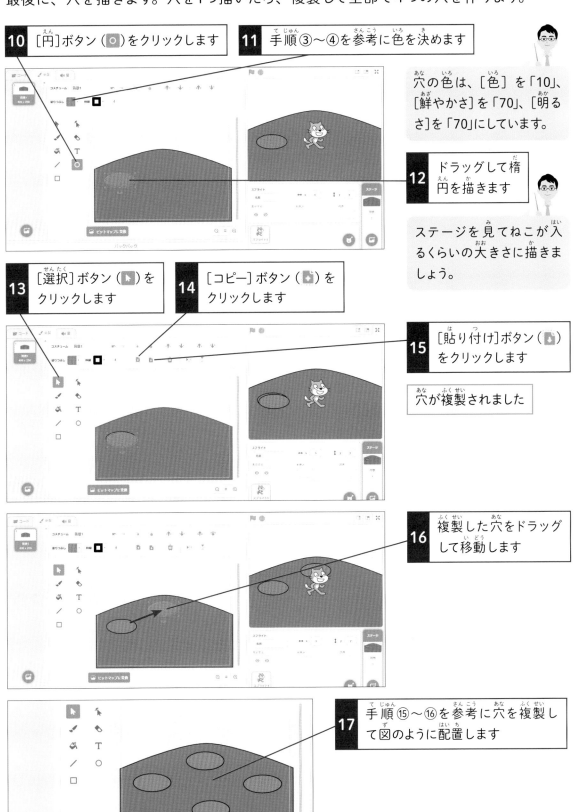

10 [円]ボタン（◎）をクリックします

11 手順③〜④を参考に色を決めます

穴の色は、[色]を「10」、[鮮やかさ]を「70」、[明るさ]を「70」にしています。

12 ドラッグして楕円を描きます

ステージを見てねこが入るくらいの大きさに描きましょう。

13 [選択]ボタン（▶）をクリックします

14 [コピー]ボタン（▣）をクリックします

15 [貼り付け]ボタン（▣）をクリックします

穴が複製されました

16 複製した穴をドラッグして移動します

17 手順⑮〜⑯を参考に穴を複製して図のように配置します

4-2 | ねこの動きを作ろう

動画はこちら
https://dekiru.net
/tsdai_scr3_402

次にねこが現れたり、隠れたりする動きを作ります。

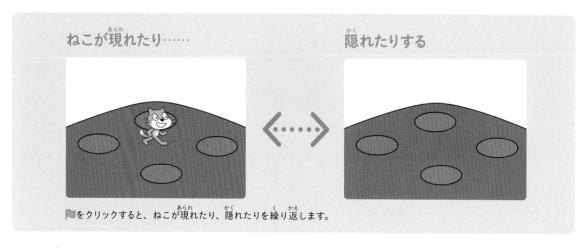

ねこが現れたり……　　　　　　　隠れたりする

▟をクリックすると、ねこが現れたり、隠れたりを繰り返します。

4日目
ねこキャッチゲームを作ろう①

○「現れて隠れる」動きを作る

まずはねこが現れたり隠れたりする動きを作ります。ここでは、1秒隠れて、一瞬現れてまた1秒隠れる動きを作ります。

1 ［コード］をクリックします

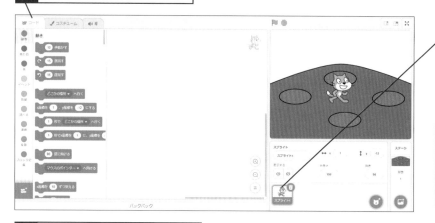

2 ［スプライト1］をクリックします

ここではねこの動きをプログラムするので、ねこのスプライトを選んでから作業しましょう。

3 ［イベント］をクリックします

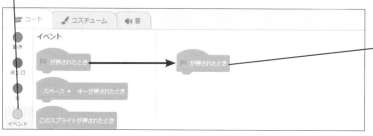

4 ［▟が押されたとき］をドラッグして、右側の枠にドロップします

5 [制御]をクリックします

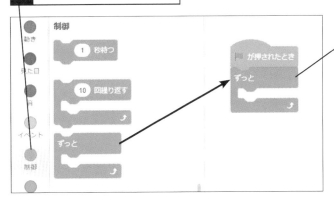

6 [ずっと]を[🏴が押されたとき]の下につなげます

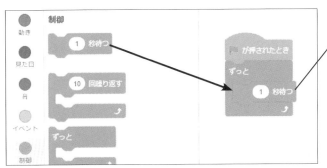

7 [1秒待つ]を[ずっと]の中に入れます

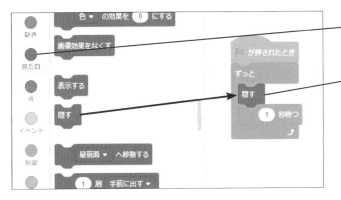

8 [見た目]をクリックします

9 [隠す]を[1秒待つ]の上につなげます

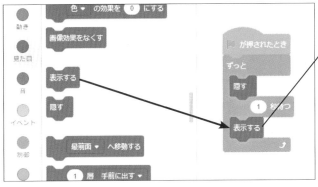

10 [表示する]を[1秒待つ]の下につなげます

これで、🏴を押したときに、隠れて、1秒 待って表示するという動きを繰り返す動きができました。表示する時間の設定は79ページの「表示する時間をランダムにする」で扱います。

動画はこちら

https://dekiru.net
/tsdai_scr3_403

4-2でねこが現れたり、消えたりする動きを作りましたが、ここではランダムにいろいろな穴から現れるようにしていきましょう。

ねこが消えたあと、いろいろな穴から出現する

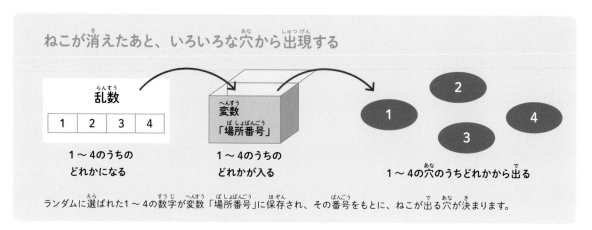

ランダムに選ばれた1～4の数字が変数「場所番号」に保存され、その番号をもとに、ねこが出る穴が決まります。

○ 穴の場所番号の変数を作る

まずは変数を使って、穴の番号を保存するための箱を作ります。

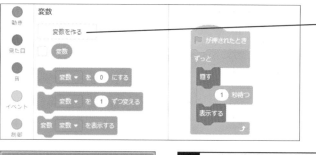

1 ［変数］にある［変数を作る］クリックします

2 「場所番号」と入力します

3 ［このスプライトのみ］にチェックを入れます

4 ［OK］をクリックします

［このスプライトのみ］にチェックを入れると、この変数を作ったスプライトだけが使う変数になります。ほかのスプライトを追加した場合、［変数］をクリックしても、作成した「場所番号」という変数は表示されません。

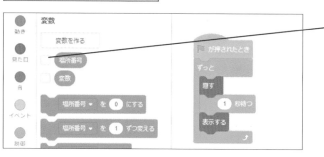

5 ［場所番号］のチェックをはずします

ステージ上に変数の値を表示する必要がないときはこのチェックをはずしましょう。

◯ ねこが穴から出るタイミングを決める

ここまでに「ねこが隠れて、1秒待って、表示する」というプログラムを作りました。この「1秒待って」を、乱数を使って「1～3秒待つ」ようにします。

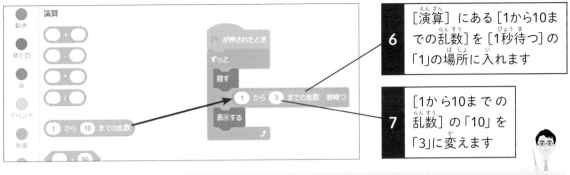

6 [演算] にある [1から10までの乱数] を [1秒待つ] の「1」の場所に入れます

7 [1から10までの乱数] の「10」を「3」に変えます

ねこが隠れてから1秒で表示されることもあれば、隠れてから3秒で表示されることもある、という予測ができない動きにできました。

◯ ねこの表示を4つの穴のどこかにする

ねこを表示するときに変数「場所番号」を1～4のどれかに変えるようにしましょう。この場所番号が表す穴は、このあとのプログラムで指定します。

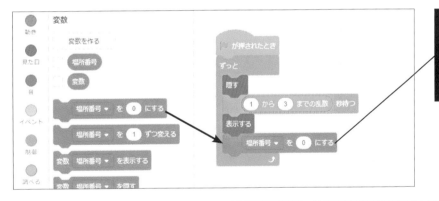

8 [変数] にある [場所番号を0にする] を [表示する] の下につなげます

9 [演算]にある [1から10までの乱数]を [場所番号を0にする]の「0」の場所に入れます

10 [1から10までの乱数]の「10」を「4」に変えます

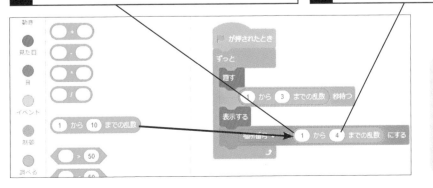

[場所番号を1から4までの乱数にする]ブロックで、1から4の穴からランダムに選ぶという動きになっています。

ここまでに4つの穴を描いて、乱数で1 〜 4までの番号がばらばらに出るようにしました。ここではそれぞれの穴が何番なのかを指定します。穴の場所は、ねこが出てくる場所ですね。場所は「座標」を使って表せます。

座標を使ってねこが出てくる場所を表す

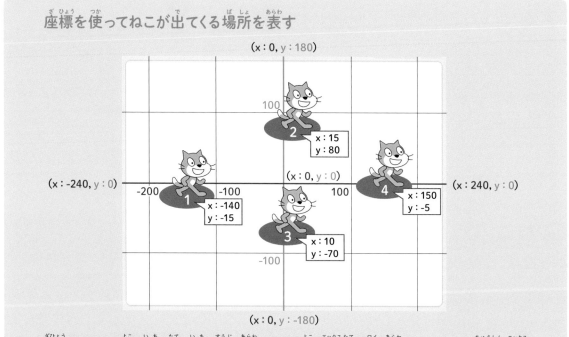

座標は、ステージの横の位置と縦の位置を数字で表したもので、横を「x」、縦を「y」で表します。ステージの中心が「x：0、y：0」となり、そこから右に行けばxの数字が大きくなり、上に行けばyの数字が大きくなります。この図では、1番の穴に出てくるねこの位置は「x：-140、y：-15」という座標で表せます。

◯ 1番の穴の位置をねこの座標で表す

穴の位置は、ねこの座標で指定します。具体的には、1 〜 4番の穴それぞれの位置にねこをドラッグして移動することでその位置の座標がわかるので、1 〜 4までの番号とその座標を組み合わせればよいのです。もし変数「場所番号」が「1」のときは左の穴の位置にねこを出す、のように条件を使ったプログラムを作ります。

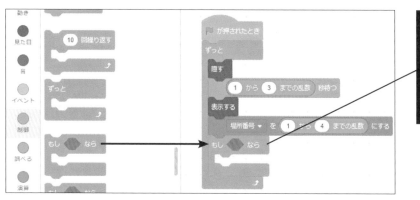

[制御]にある[もし< >なら]を[場所番号を1から4の乱数にする]の下につなげます

1

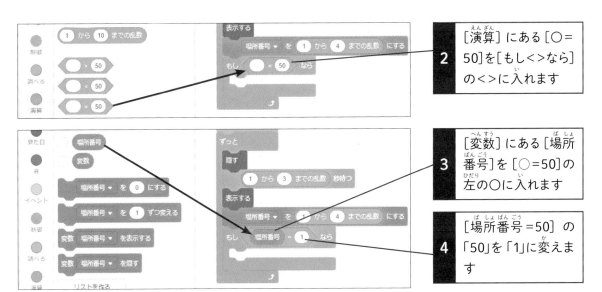

2 [演算]にある[○=50]を[もし<>なら]の<>に入れます

3 [変数]にある[場所番号]を[○=50]の左の○に入れます

4 [場所番号=50]の「50」を「1」に変えます

5 ねこを1番の穴にドラッグします

ここでは左の穴を1番の穴としています。ねこをドラッグすることで、その位置の座標がわかります。次の手順で[動き]にある[x座標を○、y座標を○]のブロックを見てみましょう。

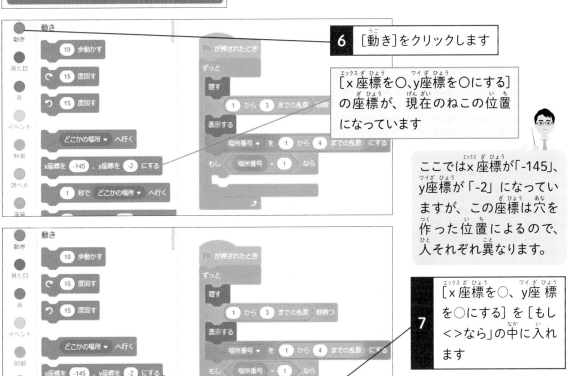

6 [動き]をクリックします

[x座標を○、y座標を○にする]の座標が、現在のねこの位置になっています

ここではx座標が「-145」、y座標が「-2」になっていますが、この座標は穴を作った位置によるので、人それぞれ異なります。

7 [x座標を○、y座標を○にする]を[もし<>なら]の中に入れます

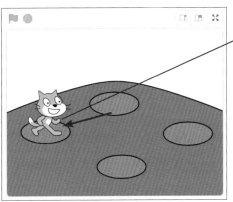

4日目

ねこキャッチゲームを作ろう①

○ 2番から4番の穴の位置を決める

上の穴を「2」、下の穴を「3」、右の穴を「4」として、手順①〜⑦で作ったブロックを複製してねこの座標に合わせていきます。

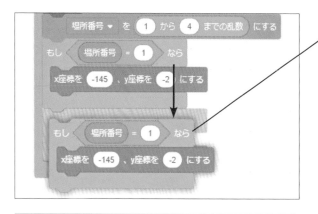

8 [もし<>なら] のブロックを複製して下につなげます

複製は38ページでやりましたね。ブロックをつなげる位置に注意しましょう。

複製したブロックをつなげたときにプログラムが実行されたら ● をクリックして停止します

9 ● をクリックします

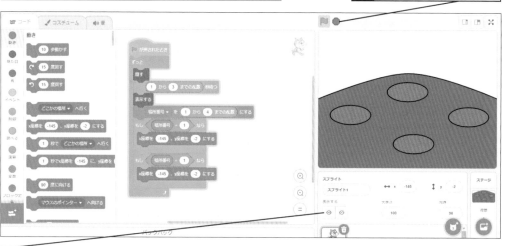

10 ◉ をクリックして、ねこを表示します

意図せずプログラムが実行された場合は、● を押して、プログラムを停止しましょう。ねこが非表示になってしまった場合は、◉ をクリックすることで、表示が戻ります。

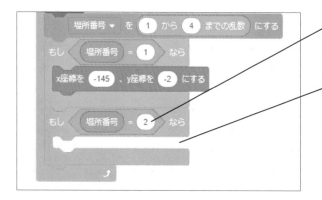

11 [場所番号 =1]の「1」を「2」に変えます

12 複製したブロックの [x座標を○、y座標を○にする]のブロックを削除します

削除はブロックを左側の枠にドラッグする、もしくはブロックを右クリックして、メニューから [削除]を選ぶのでしたね。

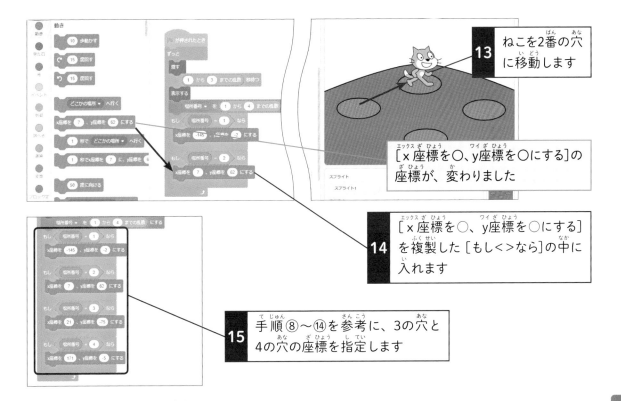

13 ねこを2番の穴に移動します

[x座標を○、y座標を○にする]の座標が、変わりました

14 [x座標を○、y座標を○にする]を複製した [もし<>なら]の中に入れます

15 手順⑧〜⑭を参考に、3の穴と4の穴の座標を指定します

○ 表示する時間をランダムにする

ねこが表示されたあと、1 〜 3秒待ってから隠れるようにします。待つようにしないと、表示されたあとすぐに隠れてしまいます。

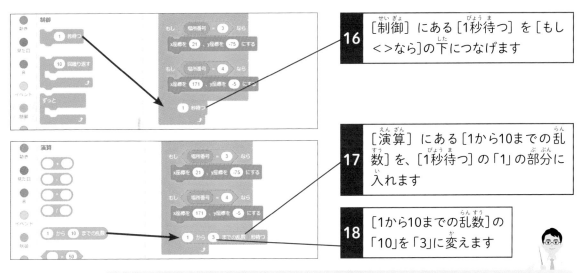

16 [制御]にある [1秒待つ]を [もし<>なら]の下につなげます

17 [演算]にある[1から10までの乱数]を、[1秒待つ]の「1」の部分に入れます

18 [1から10までの乱数]の「10」を「3」に変えます

ランダムで1 〜 3秒間は表示が継続するという動きになりました。4日目に作ったプログラムは5日目も使います。22ページを参考にプログラムを保存しておきましょう。

覚えておこう!
○ 乱数は使うたびに値が変わってしまうので変数に保存して値を確定させる
○ 乱数で選ばれた数字に合わせて動きを切り替えるときは、「もし<>なら」で条件を作る

チャレンジ！
作ったねこキャッチゲームを改造しましょう。

①邪魔する鳥を入れてみよう

穴に関係なく飛んでくる鳥を入れてみましょう。鳥の動きを自分でアレンジすると面白くなります。たとえば下のような動きを作ってみましょう。

・左右に行ったり来たりする動き
・上下にはランダムに移動するようにする
・端についたら跳ね返るようにする

ヒント：
・鳥のスプライトを追加しましょう。
・鳥の動きは [動き] にあるブロックで作ることができます。
・左右の向きは、[回転方法を左右のみする] ブロックで制限できます。
・動きながら、上下にもランダムに動く、さらに端についたら跳ね返るという3つの動きをずっと繰り返す必要がありますね。
・上下の動きはy座標をランダムに変えます。ランダムな動きは4日目に学んだ乱数を使いましょう。

解答は90ページにあるよ。参考にしてね！

3日目チャレンジ（66ページ）の解答

「品数」という変数を作りましょう。
商品名と値段のセリフが表示されたあとに、[品数を1ずつ変える] を入れると読み込んだ品物の数だけ数字が増えていきます。
🏴 が押されたときに品数を0にする動きも忘れずに入れましょう。

5日目

ねこキャッチゲームを作ろう②

ジェスチャーで
杖を動かそう

ジェスチャーとはどういうものですか？

ジェスチャー（gesture）というのは、身振り手振りという意味の英語なんだ。人間の意思を伝達する手段として使う。言葉を使わないから、さまざまな場面でコミュニケーションの手段として役に立つね。ここでは、ジェスチャーの機能を使って、自分の手の動きに合わせてステージ上の杖が動くというプログラムを作るよ。

コンピューターでジェスチャーはどうやって認識するのですか？

基本的には画像認識と同じしくみで、人の形や身体の部位の画像を学習したAI技術を使っているよ。たとえば画像の中に顔が写っていれば、その位置が座標として得られるんだ。ここで作るゲームは、AIがパソコンのカメラの映像から手首を認識して、その座標を取得する。手首を動かすと、座標も一緒に動くよ。これがジェスチャーだね。そしてその座標の位置に杖が現れて、杖がねこに当たると、ねこが消えて点数が入るというゲームを作ってみよう。

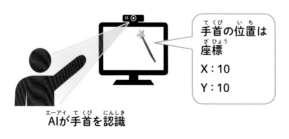

手首の位置は座標
X：10
Y：10

AIが手首を認識

知ってると
カッコいい！
キーワード　ジェスチャー認識 ▶ コンピューターで人の動きを認識する技術のこと。

5-1 | ジェスチャーで杖を動かそう

動画はこちら

https://dekiru.net
/tsdai_scr3_501

4日目に作ったプログラムに追加していきます。22ページを参考に保存したプログラムを読み込んで表示します。ジェスチャーを認識する機能を追加して、右手の動きに合わせて杖が動くしくみを作ります。

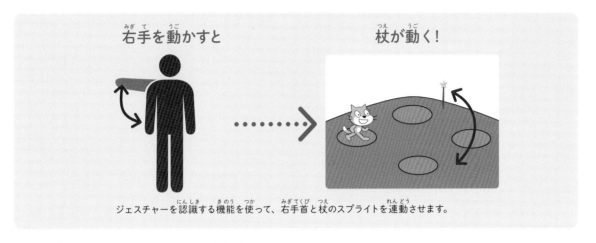

右手を動かすと　　　　杖が動く！

ジェスチャーを認識する機能を使って、右手首と杖のスプライトを連動させます。

○ 杖のスプライトを用意する

穴から出てくるねこをキャッチする杖を用意しましょう。スクラッチには、ジャンルごとにたくさんのスプライトが用意されており、簡単に追加できるようになっています。

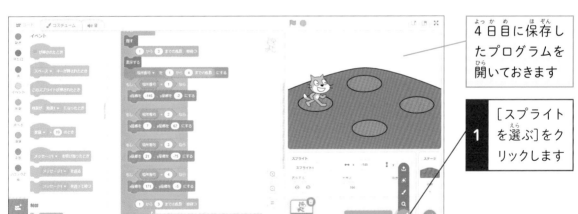

4日目に保存したプログラムを開いておきます

1 ［スプライトを選ぶ］をクリックします

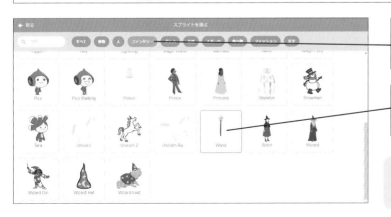

2 ［ファンタジー］をクリックします

3 ［Wand］をクリックします

「Wand」は杖のことです。画面をスクロールして見つけましょう。

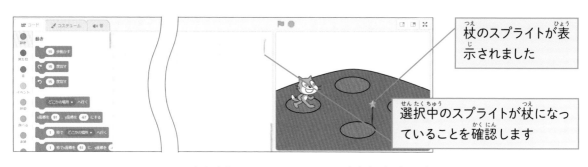

杖のスプライトが表示されました

選択中のスプライトが杖になっていることを確認します

○ ジェスチャーを認識するための拡張機能を追加する

カメラに映った身体の動きを認識する拡張機能、「Posenet2Scratch」を追加します。

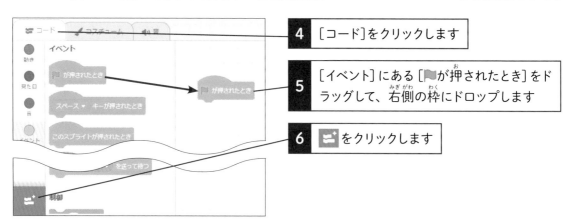

4 [コード]をクリックします

5 [イベント]にある[🏳が押されたとき]をドラッグして、右側の枠にドロップします

6 🖼 をクリックします

7 [Posenet2Scratch]をクリックします

Posenet2Scratchのブロックが追加され、ステージにはカメラの映像が映ります。🏳をクリックするとカメラの映像は表示されなくなります

8 [ビデオを切にする]を[🏳を押したとき]の下につなげます

[ビデオを切にする]は一番下にあります。

知ってるとカッコいい！キーワード　Posenet2Scratch ▶ 「PoseNet」（ポーズネット）は、グーグルが開発した姿勢を認識するしくみで、Posenet2Scratchは、このしくみをスクラッチで使えるようにしたもの。

5日目 ねこキャッチゲームを作ろう②

○ 右手首と杖の動きを連動させる

Posenet2Scratchには、あらかじめ身体の部位を読み取るブロックが用意されています。ここでは、🏳をクリックすると、杖のx座標が「右手首のx座標」、杖のy座標も「右手首のy座標」に、ずっと移動するようにします。

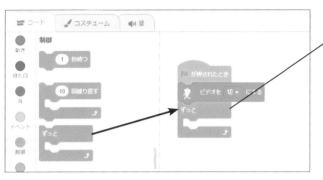

<table>
<tr><td>9</td><td>[制御]にある[ずっと]を[ビデオを切にする]の下につなげます</td></tr>
</table>

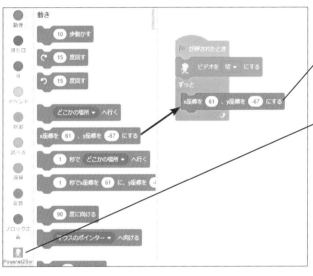

<table>
<tr><td>10</td><td>[動き]にある[x座標を○、y座標を○にする]を[ずっと]の中に入れます</td></tr>
</table>

<table>
<tr><td>11</td><td>[Posenet2Scratch]をクリックします</td></tr>
</table>

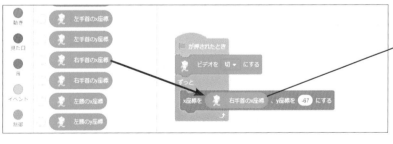

<table>
<tr><td>12</td><td>[右手首のx座標]をx座標のところに入れます</td></tr>
</table>

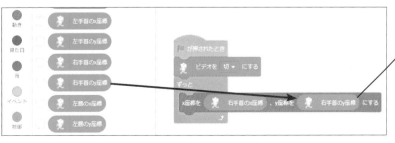

<table>
<tr><td>13</td><td>[右手首のy座標]をy座標のところに入れます</td></tr>
</table>

5日目

ねこキャッチゲームを作ろう②

この時点で ▶ をクリックして、右手をカメラに映るように動かすと杖が動くはずだよ。もし動かないときは試しに、[ビデオを切にする]の「切」を「入」にして、▶ をクリックしてみよう。カメラに映った自分の右手首の位置に、杖がついてきているかな？ 検出しないときは、カメラから少し離れてみよう。

カメラから離れたら動いた！

まだ動かないです。

ブロックをよく見てみよう。x座標が[右手首のx座標]、y座標が[右手首のy座標]になっているかな？

あ！ y座標のブロックが[左手首のy座標]になっている。これだと杖が左右にしか動かないね。

まめちしき　どうやってジェスチャーを読み取るの？

Posenet2Scratch は、あらかじめAIに人間の身体を学習させたデータを読み込んで動作しています。そのため、1日目にやったような自分で学習させる操作をすることなく、身体の部位を認識させられます。Posenet2Scratch のブロックを見てみると、[鼻のx座標][鼻のy座標][左目のx座標][左目のy座標]のように、身体の部位と座標がセットになっています。これらのブロックを使うことで、その身体の部位がステージのどの位置にあるのかがわかるというしくみです。

5-2 | 杖が当たった数を数えよう

動画はこちら

https://dekiru.net
/tsdai_scr3_502

今度は杖がねこに当たると、ねこが消えてスコア（点数）が増えるプログラムを作ります。

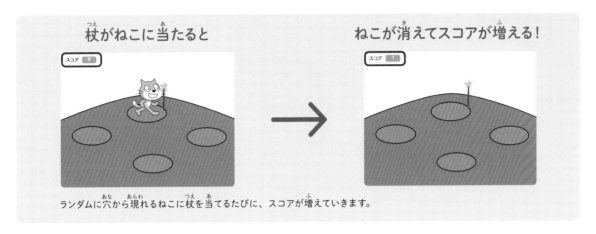

杖がねこに当たると → ねこが消えてスコアが増える！

ランダムに穴から現れるねこに杖を当てるたびに、スコアが増えていきます。

○ スコアをためるための変数を作る

点数のように数字がどんどん増えていく機能は、変数を使って作ります。ここでは「スコア」という名前の変数を作りましょう。

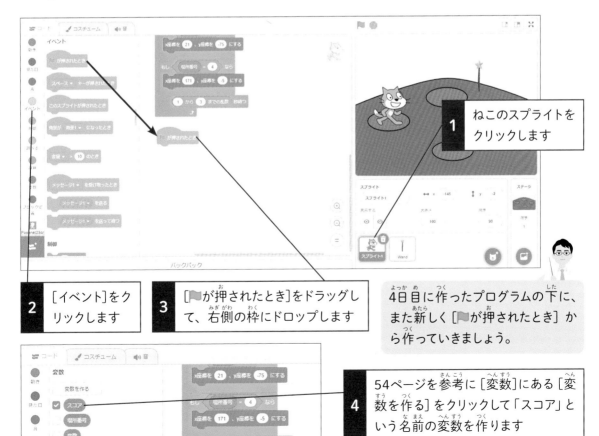

1 ねこのスプライトをクリックします

2 ［イベント］をクリックします

3 ［🏳が押されたとき］をドラッグして、右側の枠にドロップします

4日目に作ったプログラムの下に、また新しく［🏳が押されたとき］から作っていきましょう。

4 54ページを参考に［変数］にある［変数を作る］をクリックして「スコア」という名前の変数を作ります

5日目
ねこキャッチゲームを作ろう②

●初期化のブロックを追加する

スタートしたときにスコアが0になるように、初期化のブロックを追加します。

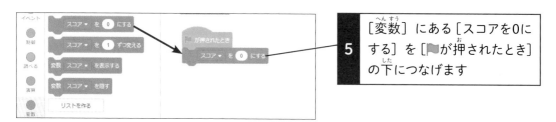

5　[変数]にある[スコアを0にする]を[🚩が押されたとき]の下につなげます

●ねこが杖に当たったときの動きを作る

ねこが杖に当たったときの動きは、「もし杖に触れたなら、どうする」とすればよいですね。
「どうする」の部分は「スコアを1ずつ変える」という処理にすれば、当たるたびに点数が
増えていくという動きになります。

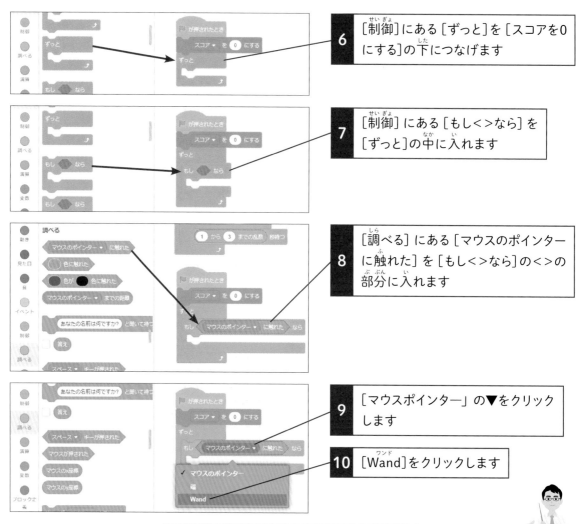

6　[制御]にある[ずっと]を[スコアを0にする]の下につなげます

7　[制御]にある[もし<>なら]を[ずっと]の中に入れます

8　[調べる]にある[マウスのポインターに触れた]を[もし<>なら]の<>の部分に入れます

9　[マウスポインター]の▼をクリックします

10　[Wand]をクリックします

Wandは杖ですね。これで、条件が「Wandに触れたなら」となりました。

5日目
ねこキャッチゲームを作ろう②

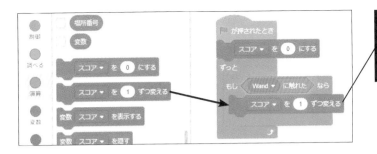

11 [変数] にある [スコアを1ずつ変える] を [もしWandに触れたなら] の中に入れます

○ねこの鳴き声を追加する

杖がねこに当たったとき、ねこの「ニャー」というの鳴き声がするようにします。

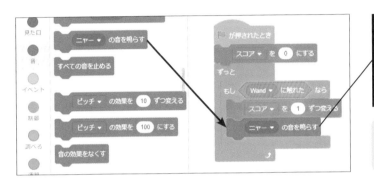

12 [音] にある [ニャーの音を鳴らす] を [スコアを1ずつ変える] の下につなげます

音が鳴ることで、杖が当たったかどうかがわかりますね。

○杖が当たったら消える

ここまでで、杖が当たったらスコアが1つ増え、音が鳴る動きを作りました。杖が当たったときにねこが消える動きも追加しましょう。

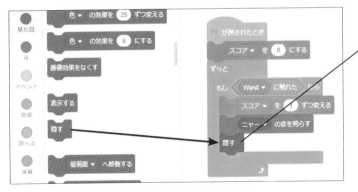

13 [見た目] にある [隠す] を [ニャーの音を鳴らす] の下につなげます

[隠す] を入れないと、ずっと杖にねこが当たり続けてしまい、スコアがどんどん増えてしまいます。

ここまでできたら▶をクリックしよう！手で杖を動かし、ねこに当たるとスコアが増えれば成功だ！

覚えておこう！

☐ あたり判定をするときは、繰り返し触れたことを確認するプログラムを作る

☐ スコアなど何か数を数えたいときは変数を使う

①時間制限を作ろう

ゲームの制限時間をつけて、何点取れるかを競うゲームに改造しましょう。

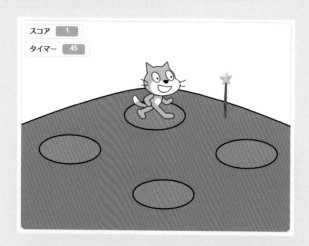

ヒント：
「タイマー」という変数を用意しましょう。「タイマー」には制限時間（たとえば60秒なら60）を最初にセットします。
タイマーが0になるまで、タイマーの値が1秒ずつ減るようにします。
0になったときに時間切れになりますね。

解答は106ページにあるよ。参考にしてね！

4日目チャレンジ（80ページ）の解答

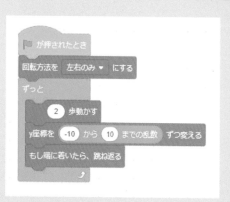

鳥のスプライトを追加して新しくプログラムを作ります。
まず ▶ が押されたとき、回転方法を左右のみにします。
[○歩動かす]、[y座標を○ずつ変える]、[もし端に着いたら、跳ね返る]という3つの動きを繰り返すようにします。
[y座標を○ずつ変える]の○には乱数を使いましょう。

5日目

ねこキャッチゲームを作ろう②

6日目

ドラゴンバトルゲームを作ろう①

6日目に学ぶこと
....

6-1 キャラクターを用意しよう

スプライトの編集の方法を学びます。

6-2 ドラゴンを動かす合図を送ろう

メッセージを送る方法を学びます。

6-3 ドラゴンと炎の動きを作ろう

メッセージを受け取ったスプライトの動きの作り方を学びます。

メッセージを使って
ドラゴンの動きを作ろう

敵のドラゴンはどのようなしくみで動くのですか?

6日目と7日目で、ドラゴンとバトルするゲームを作っていくよ。6日目には、まずドラゴンが攻撃したり逃げたりする動きの部分を作ろう。
攻撃には、「メッセージ」という機能を使うんだ。たとえば「よーいドン!」という合図で走り出すとき、「よーいドン!」がメッセージだね。
メッセージは1日目に学んだ「イベント」の1つだよ。ここでは、攻撃のメッセージと逃げるメッセージを作って、それらのメッセージを受け取ったときに何をするかをプログラムするよ。

ドラゴンが攻撃と逃げる動きを自動的に
切り替えるにはどうしたらいいですか?

たとえばボードゲームでサイコロを振って1なら攻撃、それ以外なら防御、といったルールがあるよね。乱数でそのしくみを作るよ。そして、出た数によって動きを分けるには「もし〜なら」の条件を使うのだったね。乱数や条件を使うことで、自動的にドラゴンが動くようにするんだ。

スタート　　乱数　　条件

1なら　──→　攻撃

1でなければ　──→　逃げる

知ってると
カッコいい!
キーワード　　メッセージ▶タイミングを合わせて一斉に動作させるときに使用する機能。

まずはゲームの背景と、炎を吐くドラゴンを用意します。ドラゴンの炎は
ドラゴンの身体とは別に用意します。

背景　　　　　　　　　ドラゴン　　　　　　　　ドラゴンの炎

◯ 背景を用意する

最初に背景を用意しましょう。ドラゴンのイメージに合わせて、ここではお城のある背
景にします。ドラゴンと道の上で対決する形にしたいので、ねこの位置を左下に移動し
ます。

23ページを参考に新規の画面を開いておきます

1 [背景を選ぶ]を
クリックします

69 ～ 71ページでは、背
景を自分で作りましたが、
もとからある背景を選ん
で使うこともできます。

2 [ファンタジー]をクリックします

3 [Castle2]をクリックします

「キャッスル」はお城の
ことですね。

背景が切り替わりました

4 ねこを左下にドラッ
グします

6日目　ドラゴンバトルゲームを作ろう①

◯ ドラゴンを用意する

新しくドラゴンのスプライトを追加し、大きさや向きを変更します。向きは、ねこと向かい合うようにしたいので、左向きにしましょう。

5　［スプライトを選ぶ］をクリックします

6　［ファンタジー］をクリックします

7　［Dragon］をクリックします

8　［大きさ］の「100」の数字をダブルクリックします

数字の背景が水色になったことを確認します

ステージ下の部分では、入力されている文字をダブルクリックすると、文字全体が選択されます。

9　「70」と入力して Enter キーを押します

ドラゴンが小さくなりました

［大きさ］の数字は、大きさを割合で表しています。100なら100%、70なら70%ということですね。

6日目

ドラゴンバトルゲームを作ろう①

10 ［向き］の数字をダブルクリックし「-90」と入力して、Enter キーを押します

ドラゴンが逆さの状態になりました

スクラッチの［向き］は、右の図のようなしくみになっています。最初の状態が90で、-90はそこから半回転した状態です。次の手順で頭が上にくるようにします。

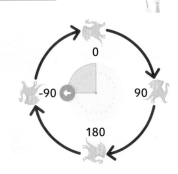

11 ▶◀ をクリックします

ドラゴンが左向きになりました

▶◀ はスプライトの向きを左向き、右向きのどちらかに固定するボタンです。これをクリックすることで、逆さまになってしまうことを防げます。

12 ドラゴンを右上にドラッグします

ねこと離れた位置に配置しましょう。

まめちしき

ステージの大きさは変更できる

ステージの右上にはボタンが3つ並んでいます。3つのうち、左のボタンはステージを小さくし、ブロックを置く場所を大きくします。真ん中のボタンは、通常の状態です。右のボタンは、ステージだけを大きく表示します。

◯ 炎を作る

ドラゴンの攻撃の炎を作ってみましょう。炎だけのスプライトはないので、炎を吐くドラゴンのスプライトから炎の部分を切り取って使います。

13 ［スプライトを選ぶ］（🐻）にマウスポインターを合わせます

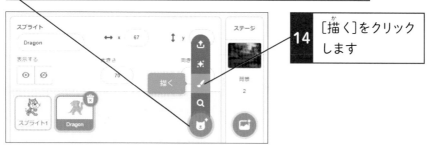

14 ［描く］をクリックします

［コスチューム］に切り替わりました

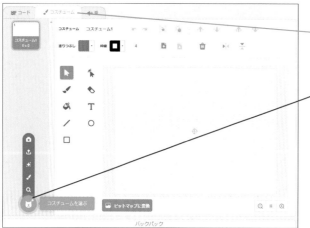

15 ［コスチュームを選ぶ］をクリックします

16 ［ファンタジー］にある［Dragon-c］をクリックします

コスチュームはスプライトの見た目の絵のことです。ドラゴンには3つのコスチュームがあるので、その中から炎を吐く絵を選びましょう。

コスチュームの画面に戻りました

6日目

ドラゴンバトルゲームを作ろう①

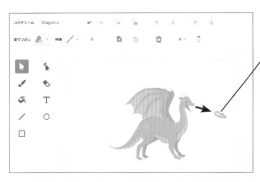

17 炎の絵の部分をドラッグして
ドラゴンの身体から離します

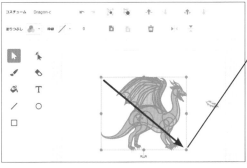

18 マウスポインターをドラゴンを囲むように
左上から右下にドラッグします

19 ドラゴンの身体がすべて選択された
ことを確認し、[Back space]キーを押します

炎の部分を選択しないように注意しましょう。

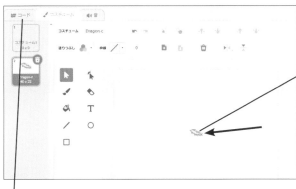

炎の絵だけになりました

20 炎を真ん中にドラッグします

真ん中にある ⊕ マークの位置を目安に
ドラッグしましょう。

21 [コード]をクリックします

22 手順⑩〜⑪を参考に炎の[向き]を「-90」、
▶ ◀ をクリックして左向きにします

3つのスプライトが用意できました

スプライトの名前を変えるに
は、手順㉓の部分でスプラ
イトを選択して、手順㉒の
部分で入力します。

23 スプライトの名前を
「炎」に変えます

24 「スプライト1」の名前を「ねこ」に、「Dragon」の
名前を「ドラゴン」に変えます

6-2 | ドラゴンを動かす合図を送ろう

動画はこちら
https://dekiru.net
/tsdai_scr3_602

ドラゴンの動きは、「炎を出す」「逃げる」の2つとします。この2つの動きは、乱数を使ってどちらが出るかわからないようにします。スプライトを動かすには、合図（メッセージ）を送ります。

変数「行動」　　　　　　ドラゴン

乱数

| 1 | 2 |

①変数「行動」が1の場合　②ドラゴンから合図を送る　③「炎を出せ」

合図（メッセージ）

変数「行動」　　　　　　ドラゴン

乱数

| 1 | 2 |

①変数「行動」が1でない場合　②ドラゴンから合図を送る　③「ドラゴン逃げろ」

合図（メッセージ）

メッセージの機能を使って、変数「行動」の数字が1の場合は炎を出して、2の場合は逃げるようにプログラムします。メッセージは合図のようなもので、これを送ったり受け取ったりすることをきっかけに、プログラムを動かせます。ここではメッセージを送るところまで作ります。

◯ ドラゴンが動くまでの時間をランダムにする

まずは、ゲームをスタートした時点のドラゴンの位置を決めます。また、ドラゴンが攻撃や逃げるといった行動をとるまでの時間は、10秒〜15秒間のいずれかにします。ランダムにすることで、プレイヤーが攻撃するタイミングも読みづらくなります。

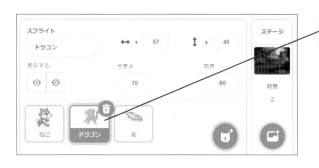

1 ［ドラゴン］をクリックします

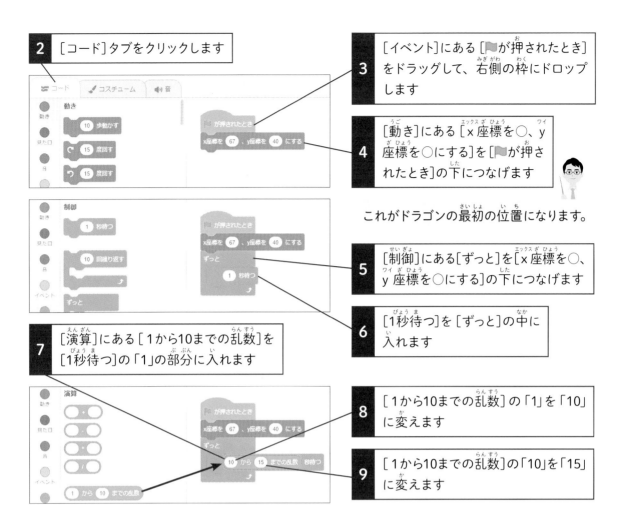

2 ［コード］タブをクリックします

3 ［イベント］にある［🚩が押されたとき］をドラッグして、右側の枠にドロップします

4 ［動き］にある［x座標を○、y座標を○にする］を［🚩が押されたとき］の下につなげます

これがドラゴンの最初の位置になります。

5 ［制御］にある［ずっと］を［x座標を○、y座標を○にする］の下につなげます

6 ［1秒待つ］を［ずっと］の中に入れます

7 ［演算］にある［1から10までの乱数］を［1秒待つ］の「1」の部分に入れます

8 ［1から10までの乱数］の「1」を「10」に変えます

9 ［1から10までの乱数］の「10」を「15」に変えます

○ ドラゴンの動きを決める変数を作る

ドラゴンの動きは、「炎を出す」か「逃げる」の2つです。2つの動きは、「1か、1ではないか」という条件によって作れます。ここでは「行動」という変数を作って、その中に乱数を使って「1」か「2」が入るようなしくみにします。

10 54ページを参考に、「行動」という変数を作ります。［このスプライトのみ］をクリックし、［OK］をクリックします

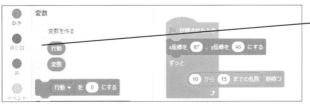

11 ［行動］のチェックマークをはずします

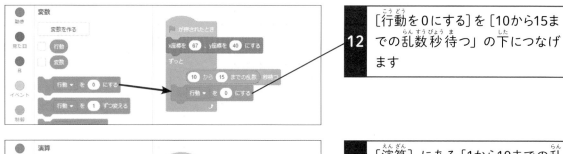

12 [行動を 0 にする] を [10から15までの乱数秒待つ」の下につなげます

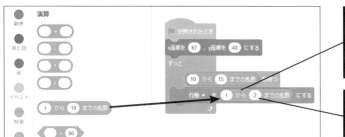

13 [演算] にある [1から10までの乱数] を [行動を0にする]の「0」の部分に入れます

14 [1から10までの乱数] の「10」を「2」に変えます

このあと、1であれば「炎を出す」、1でなければ「逃げる」という動きの部分を作っていきます。

○条件ごとに送るメッセージを作る

条件を作ります。変数「行動」の数字が1であれば「炎を出せ」というメッセージを送り、1でなければ「逃げろ」というメッセージを送るようにします。

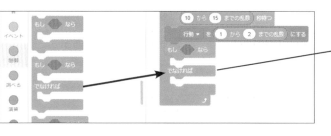

15 [制御] にある [もし<>なら、でなければ] を [行動を1から2までの乱数にする]の下につなげます

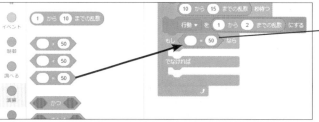

16 [演算]にある [○=50]を [もし<>なら、でなければ] の<>に入れます

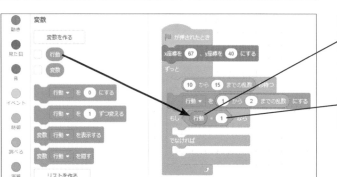

17 [変数]にある [行動]を [○=50] の左の○に入れます

18 [行動=50]の「50」を「1」に変えます

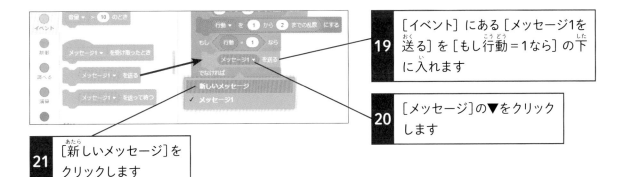

19 [イベント] にある [メッセージ1を送る] を [もし行動＝1なら] の下に入れます

20 [メッセージ]の▼をクリックします

21 [新しいメッセージ]をクリックします

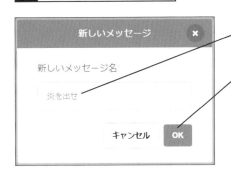

22 「炎を出せ」と入力します

23 [OK]をクリックします

メッセージはほかのプログラムを動かすための合図として使います。ここではドラゴンに攻撃の動きをさせるための合図として「炎を出せ」というメッセージを作ります。

メッセージが変わりました

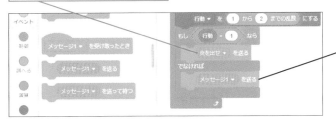

24 手順⑲と同じように [メッセージ1を送る] を [でなければ]の下に入れます

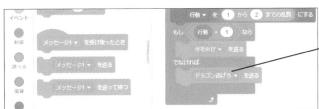

25 手順⑳～㉓と同じように新しいメッセージ [ドラゴン逃げろ] を作ります

「行動」は1か2のどちらかがランダムに選ばれます。行動が1ならば、「炎を出せ」になり、行動が1ではない、つまりこの場合は2であれば、「ドラゴン逃げろ」を送ることになります。送ったメッセージを受け取ったときの動きは、このあと作っていきます。

6-3 | ドラゴンと炎の動きを作ろう

動画はこちら
https://dekiru.net
/tsdai_scr3_603

メッセージは送るだけでは機能しません。そのメッセージを受け取ったときの動きを作りましょう。

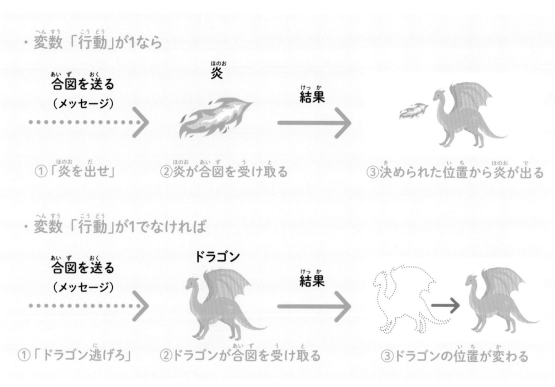

・変数「行動」が1なら

合図を送る（メッセージ） → 炎 → 結果 →

①「炎を出せ」　②炎が合図を受け取る　③決められた位置から炎が出る

・変数「行動」が1でなければ

合図を送る（メッセージ） → ドラゴン → 結果 →

①「ドラゴン逃げろ」　②ドラゴンが合図を受け取る　③ドラゴンの位置が変わる

○ メッセージを受け取ると炎が現れるようにする

ドラゴンから送った「炎を出せ」というメッセージは、炎のスプライトが受け取るようにします。ここでは、炎がゲームのスタート時には隠れていて、「炎を出せ」のメッセージを受け取ったときに、ドラゴンの口のあたりに表示されるようにします。

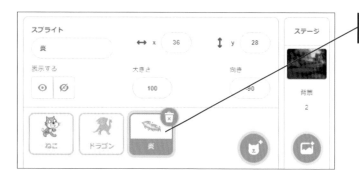

1 [炎]をクリックします

スプライト
炎　　↔ x 36　　↕ y 28
表示する　　大きさ 100　　向き 90
ねこ　ドラゴン　炎
ステージ
背景 2

6日目
ドラゴンバトルゲームを作ろう①

2 ［イベント］にある［🏴が押されたとき］をドラッグして、右側の枠にドロップします

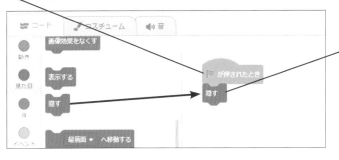

3 ［見た目］にある［隠す］を［🏴が押されたとき］の下につなげます

攻撃をしないときは、炎が見えないようにします。

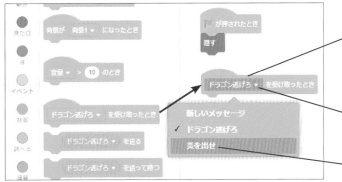

4 ［イベント］にある［ドラゴン逃げろを受け取ったとき］をドラッグして、右側の枠にドロップします

5 ［ドラゴン逃げろ］の▼をクリックします

6 ［炎を出せ］をクリックします

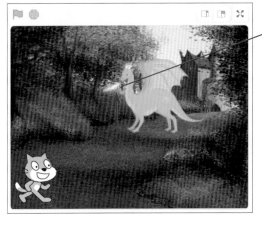

7 炎をドラゴンの口のあたりにドラッグします

最初に炎を表示する位置を決めています。

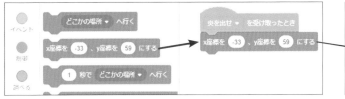

8 ［動き］にある［x座標を○、y座標を○にする］を［炎を出せを受け取ったとき］の下につなげます

x座標とy座標の位置は、炎をドラッグした位置によるので、ひとそれぞれ違います。

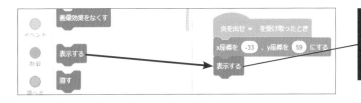

9 ［見た目］にある［表示する］を［x座標を○、y座標を○にする］の下につなげます

炎の動きを決める

表示された炎が、ねこのいる左下まで飛んでいくようにします。炎が徐々に移動する動きは、「決められた時間内で、今いる座標を別の座標に変える」とプログラムすることで実現します。ここでは、炎を左下までドラッグして、その座標まで2秒かけて移動して、移動したら消えるようにします。

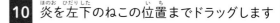

10 炎を左下のねこの位置までドラッグします

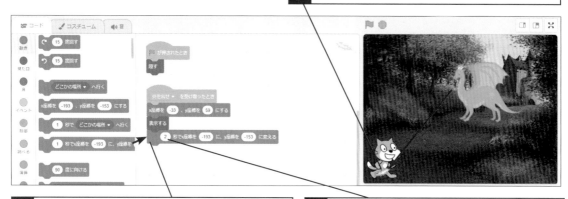

11 [動き]にある[1秒でx座標を○、y座標を○に変える]を[表示する]の下につなげます

12 [1秒でx座標を○、y座標を○に変える]の「1」を「2」に変えます

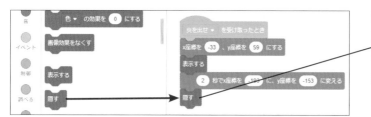

13 [見た目]にある[隠す]を「2秒でx座標を○、y座標を○に変える」の下につなげます

炎がねこの場所まで届いたら、消えるようにしました。

ドラゴンが逃げる動きを作る

次に、「ドラゴン逃げろ」のメッセージを受け取ったときの動きを作ります。6-2でドラゴンが送った「ドラゴン逃げろ」は、ドラゴン自身が受け取るようにして、受け取ったときに横に移動し、2秒待ってもとの位置に戻るようにします。

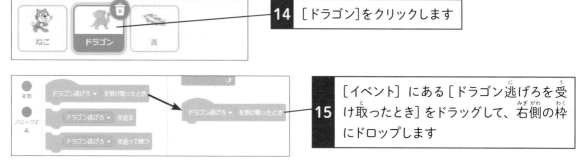

14 [ドラゴン]をクリックします

15 [イベント]にある[ドラゴン逃げろを受け取ったとき]をドラッグして、右側の枠にドロップします

16 [動き]にある[x座標を10ずつ変える]を[ドラゴン逃げろを受け取ったとき]の下につなげます

17 [x座標を10ずつ変える]の「10」を「100」に変えます

[ドラゴン逃げろ]のメッセージを受け取ったときに、右に100移動する動きができました。

18 [制御]にある[1秒待つ]を[x座標を100ずつ変える]の下につなげます

19 [1秒待つ]の「1」を「2」に変えます

20 [動き]にある[x座標を10ずつ変える]を[2秒待つ]の下つなげます

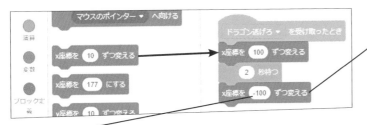

21 [x座標を10ずつ変える]の「10」を「-100」に変えます

-100にすることで、手順⑰で移動した100から、100引いた位置、つまりもとの位置に戻ります。

▶を押すとドラゴンが炎を吐いたり左右に動いたりしていますね。

メッセージを受け取ってから動いているのね。

▶をクリックしてみよう。10〜15秒待っていると、ドラゴンが炎を吐いたり、移動したりするよ。メッセージは同期通信機能と呼ばれるもので、タイミングを合わせてプログラムを動かすときに使うものなんだ。今回の例では炎のプログラムを1つ動かしているけど、いくつかのプログラムを同時に動かすこともできるよ。

覚えておこう!
□ メッセージを使うと、あるタイミングに合わせて動きを作ることができる。
□ 座標を増減することでキャラクターを移動させられる。

6日目 ドラゴンバトルゲームを作ろう①

できる **105**

①ねこが逃げる動きを作ってみよう

ねこが炎から逃げる動きを作ってみましょう。 space キーを押すと逃げるようにしましょう。

ヒント：
ドラゴンの動きが参考に
なります。

解答は124ページにあるよ。参考にしてね！

5日目チャレンジ（90ページ）の解答

ねこのスプライトに、秒数が1ずつ減っていく、タイマーのプログラムを作ります。
秒数を1秒ずつ減らすには、「1秒待つ」と「タイマーの値を1ずつ減らす」という2つの動きをタイマーが0になるまで繰り返します。
0になったときにすべてのプログラムを止めるようにしましょう。

7日目

ドラゴンバトルゲームを作ろう②

7日目に学ぶこと

7-1 音声認識の機能を使おう

音声認識を使ったプログラムの作り方を学びます。

7-2 ねこを音声で動かそう

条件を使って音声ごとにメッセージを送る方法を学びます。

7-3 雷が落ちる動きを作ろう

メッセージを受け取った雷の動きの作り方を学びます。

7-4 ねこの動きを作ろう

メッセージを受け取ったねこの動きの作り方を学びます。

音声でねこを戦わせよう

ねこが何もできないのでドラゴンを倒せません。
どうやって攻撃をするのですか?

今回は声で攻撃の指示を出すようにしてみよう。声で操作するAIスピーカーがあるね。それと同じようなしくみにしよう。ここでは音声認識をする「Speech2Scratch」という拡張機能を使うよ。この機能は、音声データをすでに学習済みなので、話しかけるだけで言葉を認識してくれるんだ。認識した言葉をもとに攻撃のメッセージを送り、メッセージを受け取ったら攻撃するという動きにするよ。

Speech2Scratch

「こうげき」

「攻撃」と認識

攻撃を指示する
メッセージを送る

「雷を落とせ」

雷が落ちる

音声を認識するのはどうやっているのですか?

音はものが振動することで起こる波なんだけど、音の種類によって波の形(「波形」というよ)が異なるんだ。あらかじめ音ごとの波形を学習させて、その波形に対応する文字を決めておけば、マイクから入ってきた音声をコンピューターが文字情報に変えられるね。このようなしくみを使って音声認識を実現しているんだ。

音声

「ねこ」

波形

文字

猫

知ってると
カッコいい!
キーワード

音声認識 ▶ 声の情報と言語の情報を密接に組み合わせながら、音声を「文字」に変換する技術。

動画はこちら

https://dekiru.net
/tsdai_scr3_701

6日目のプログラムに追加していきます。ここでは、①ねこに呼びかけると、②ねこが「どうする?」と聞いてくる。③攻撃を命令する。という3段階でねこからの攻撃が出るようにします。まず①と②の部分を作りましょう。

①ねこのセリフが表示される　声で猫を呼ぶ　②「どうする?」と聞いてくる

ねこ

①ねこが「呼べ」とセリフを表示したら「ねこ」と呼びます。②その声が認識されたら、ねこが「どうする?」と聞いてくるようにします。

○ 音声認識機能を追加する

音声認識の機能は、拡張機能として用意された [Speech2Scratch] を使います。

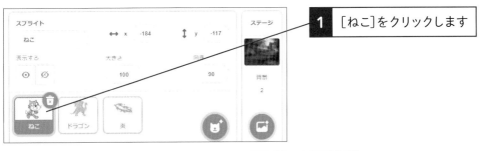

1 [ねこ]をクリックします

2 17ページの手順①と同様に [拡張機能を選ぶ] を表示します

3 [Speech2Scratch]をクリックします

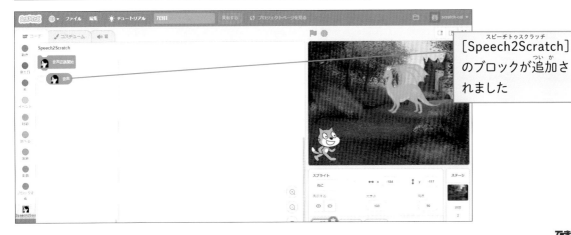

[Speech2Scratch] のブロックが追加されました

7日目 ドラゴンバトルゲームを作ろう②

○ ねこの場所を決める

ねこの位置を決めます。ねこがどの位置に移動しても、🚩をクリックすると必ず最初の位置に戻ってくるようにしましょう。

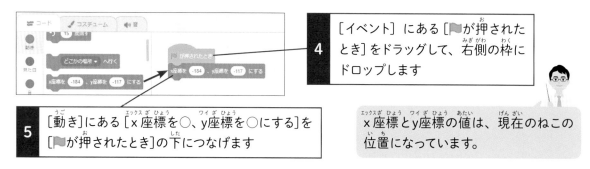

4 [イベント]にある[🚩が押されたとき]をドラッグして、右側の枠にドロップします

5 [動き]にある[x座標を○、y座標を○にする]を[🚩が押されたとき]の下につなげます

> x座標とy座標の値は、現在のねこの位置になっています。

○ 音声を認識するまでの動きを作る

まずは、ねこに呼びかける部分を作ります。動きとしては、ねこが「呼べ」とセリフを出すので、「ねこ」と声に出して呼びます。AIがこの声を「猫」と認識するまで、「呼べ」のセリフをずっと繰り返し表示するようにします。

6 [制御]にある[ずっと]を[x座標を○、y座標を○にする]の下につなげます

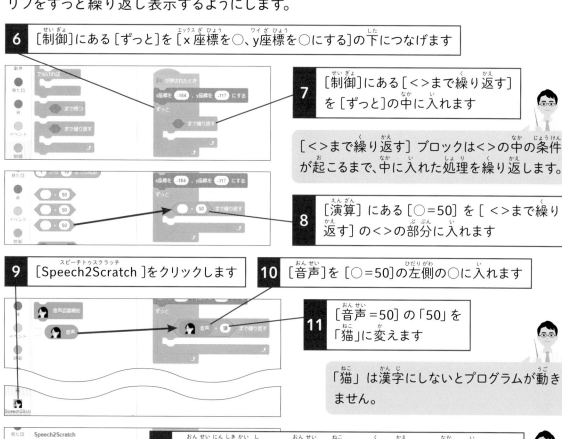

7 [制御]にある[<>まで繰り返す]を[ずっと]の中に入れます

> [<>まで繰り返す]ブロックは<>の中の条件が起こるまで、中に入れた処理を繰り返します。

8 [演算]にある[○=50]を[<>まで繰り返す]の<>の部分に入れます

9 [Speech2Scratch]をクリックします

10 [音声]を[○=50]の左側の○に入れます

11 [音声=50]の「50」を「猫」に変えます

> 「猫」は漢字にしないとプログラムが動きません。

12 [音声認識開始]を[音声=猫まで繰り返す]の中に入れます

> [音声認識開始]ブロックは、音声認識を始めるためのブロックです。

7日目　ドラゴンバトルゲームを作ろう②

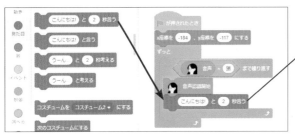

13 [見た目]にある[こんにちは！と2秒言う]を[音声認識開始]の下につなげます

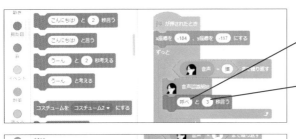

14 [こんにちは！と2秒言う]の「こんにちは！」を「呼べ」に変えます

15 [呼べと2秒言う]の「2」を「3」に変えます

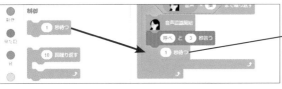

16 [制御]にある[1秒待つ]を[呼べと3秒言う]の下につなげます

[繰り返し]ブロックの中では、①音声認識をはじめる、②「呼べ」のセリフを3秒表示する、③1秒待つという動きを繰り返しています。この繰り返しを止める条件が、[音声＝猫]、つまり声に出した音声をAIが「猫」と認識することです。「呼べ」の3秒間で音声を認識しています。2秒だと認識するのに時間が足りないので3秒にしています。

○ 最初の音声が認識されたあとの動きを作る

「ねこ」の音声が正しく認識されたら、ねこの「どうする？」というセリフを表示します。

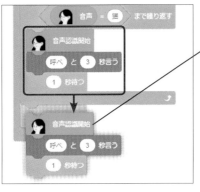

17 [音声認識開始]と[呼べと3秒言う]と[1秒待つ]のブロックを複製して、[音声＝猫まで繰り返す]の下につなげます

[音声認識開始]のところで右クリックして複製を選ぶと、下の2つのブロックもつながった状態で複製されます。

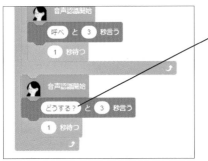

18 複製した[呼べと3秒言う]の「呼べ」を「どうする？」に変えます

「ねこ」の音声が認識されたあとの処理なので、手順⑦～⑯で作った繰り返しブロックのあとに追加します。

7-2 | ねこを音声で動かそう

動画はこちら

https://dekiru.net
/tsdai_scr3_702

6日目に、「メッセージ機能」を使ってドラゴンが自動的に攻撃したり逃げたりする動きを作りました。ねこもメッセージ機能で攻撃と逃げる動きを作りますが、声の命令によって出すメッセージを分けるようにしましょう。

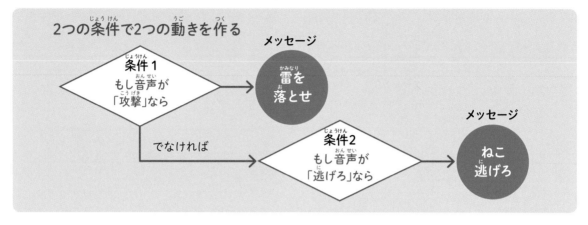

○ 音声ごとに異なるメッセージを送る

「攻撃」と言ったら「雷を落とせ」のメッセージ、「逃げろ」と言ったら「ねこ逃げろ」のメッセージを送るようにします。「もし条件AならB、条件AでなければC」ではなく、「条件AならB、条件Aではなく、もし条件CならD」のように条件を2つにするのがポイントです。

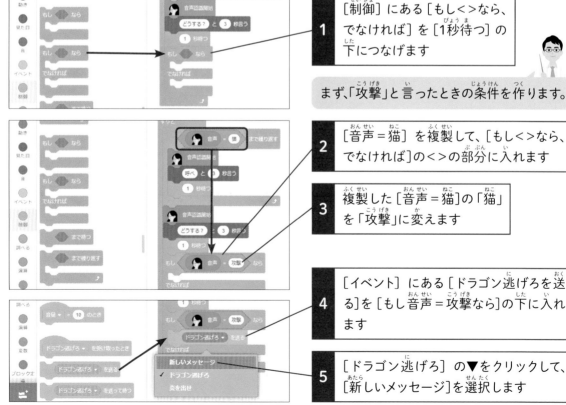

1 [制御]にある[もし<>なら、でなければ]を[1秒待つ]の下につなげます

まず、「攻撃」と言ったときの条件を作ります。

2 [音声=猫]を複製して、[もし<>なら、でなければ]の<>の部分に入れます

3 複製した[音声=猫]の「猫」を「攻撃」に変えます

4 [イベント]にある[ドラゴン逃げろを送る]を[もし音声=攻撃なら]の下に入れます

5 [ドラゴン逃げろ]の▼をクリックして、[新しいメッセージ]を選択します

7日目

ドラゴンバトルゲームを作ろう②

6 　101ページの手順㉒〜㉓を参考に、「雷を落とせ」という [新しいメッセージ] を作ります

「攻撃」と音声で呼びかけると、ねこの攻撃でドラゴンに雷を落とす動きができました。

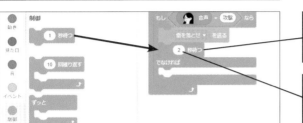

7 　[制御]にある [1秒待つ]を[雷を落とせを送る]の下つなげます

8 　[1秒待つ]の「1」を「2」に変えます

「攻撃」や「逃げろ」の命令でねこが動いたら、ねこが再び「呼べ」とセリフを出します。次の命令を出す前には、必ず「ねこ」と呼びかけるしくみです。そうしないと、前の命令をずっと繰り返してしまいます。

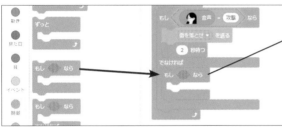

9 　[もし<>なら] を [〜でなければ]の下に入れます

「でなければ」の下に [もし<>なら] を入れることで、2つ目の条件を作っていきます。

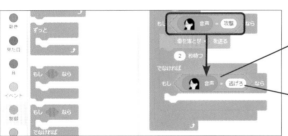

10 　[音声＝攻撃]を複製して [もし<>なら] の<>の部分に入れます

11 　複製した [音声＝攻撃]の「攻撃」を「逃げろ」に変えます

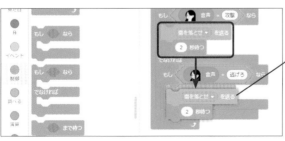

12 　[雷を落とせを送る]と [2秒待つ]を複製して、[もし音声＝逃げろなら]の中に入れます

[雷を落とせを送る] のところで右クリックして複製を選ぶと、[2秒待つ] のブロックもつながった状態で複製されます。

13 　[雷を落とせ]の▼をクリックして、[新しいメッセージ] を選択し、101ページを参考に、「ねこ逃げろ」のメッセージを作ります

7日目 ドラゴンバトルゲームを作ろう②

7-3 雷が落ちる動きを作ろう

動画はこちら

https://dekiru.net
/tsdai_scr3_703

7-2までで、認識した音声をもとに、攻撃や逃げるメッセージを送りました。ここでは、メッセージを受け取ったときの動きを作っていきます。

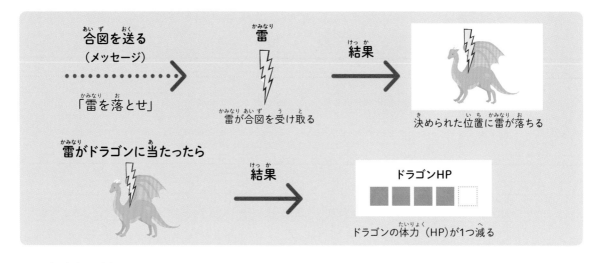

合図を送る（メッセージ）
「雷を落とせ」

雷
雷が合図を受け取る

結果
決められた位置に雷が落ちる

雷がドラゴンに当たったら

結果

ドラゴンHP
ドラゴンの体力（HP）が1つ減る

○ 雷を用意する

ねこの攻撃は雷にします。まずは雷のスプライトを用意しましょう。

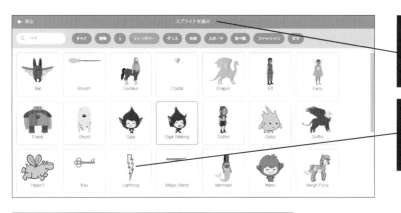

1 83ページの手順①を参考に、[スプライトを選ぶ]画面にします。

2 [ファンタジー]にある、[Lightning]をクリックします

「Lightning」は雷のことです。

[Lightning]が青く囲まれて、選択されていることを確認します

3 スプライトの名前を「雷」に変えます

ここで選択したスプライトのプログラムを作っていきます。

7日目
ドラゴンバトルゲームを作ろう②

○ 雷が落ちる動きを作る

ドラゴンに雷が落ちるようにしたいので、雷はドラゴンの真上に置きます。そして雷のスプライトがねこから「雷を落とせ」のメッセージを受け取ったら、雷が現れて1秒かけてまっすぐ落ちて、消えるという動きを作ります。

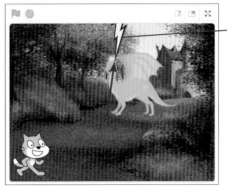

4 雷をドラゴンの真上にドラッグします

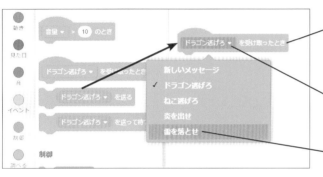

5 [イベント]にある[ドラゴン逃げろを受け取ったとき]をドラッグして、右側の枠にドロップします

6 [ドラゴン逃げろ]の▼をクリックします

7 [雷を落とせ]をクリックします

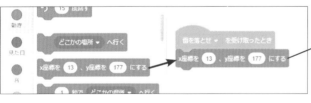

8 [動き]にある[x座標を○、y座標を○にする]を[雷を落とせを受け取ったとき]の下につなげます

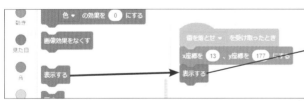

9 [見た目]にある[表示する]を[座標を○、y座標を○にする]の下につなげます

10 雷を、ドラゴンより下の位置にドラッグします

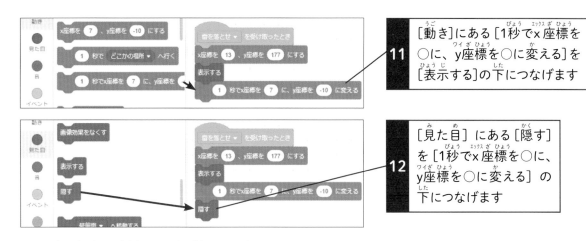

11 [動き]にある[1秒でx座標を○に、y座標を○に変える]を[表示する]の下につなげます

12 [見た目]にある[隠す]を[1秒でx座標を○に、y座標を○に変える]の下につなげます

◯ 体力を表す変数を作る

64ページでは、数字が増えていく機能を変数を使って作りました。同じように、数字が減っていく機能も、変数を使います。

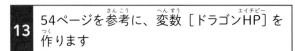

13 54ページを参考に、変数[ドラゴンHP]を作ります

ステージにドラゴンHPが表示されました

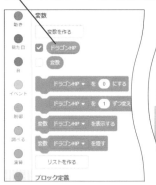

HPはHit Pointの略称です。ゲームでは、体力の数値をこのHPで表現することが多いです。ここでもHPは体力の数値を意味しています。

◯ 雷がドラゴンに当たったときの動きを作る

雷がドラゴンに当たると、ドラゴンの体力が減っていく動きを作ります。雷が「もしドラゴンに触れたなら」を条件として、ドラゴンHPが1ずつ減り、雷の音が鳴るようにします。

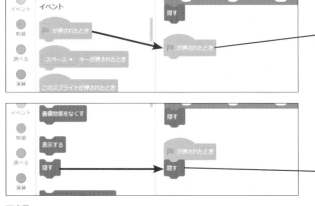

14 [イベント]にある[🏳が押されたとき]をドラッグして、右側の枠にドロップします

新しく[🏳を押されたとき]のブロックからはじめます。

15 [見た目]にある[隠す]を[🏳が押されたとき]の下につなげます

7日目
ドラゴンバトルゲームを作ろう②

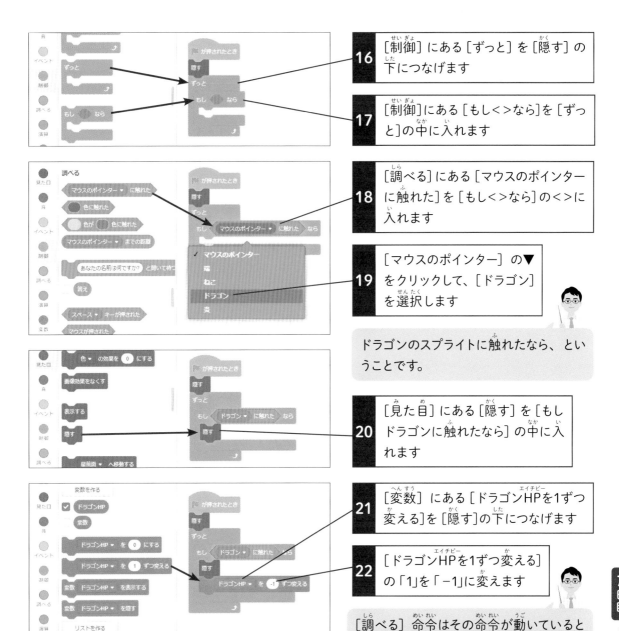

16	[制御] にある [ずっと] を [隠す] の下につなげます
17	[制御]にある [もし<>なら]を [ずっと]の中に入れます
18	[調べる]にある [マウスのポインターに触れた]を [もし<>なら]の<>に入れます
19	[マウスのポインター] の▼をクリックして、[ドラゴン]を選択します

ドラゴンのスプライトに触れたなら、ということです。

20	[見た目] にある [隠す] を [もしドラゴンに触れたなら] の中に入れます
21	[変数] にある [ドラゴンHPを1ずつ変える]を [隠す]の下につなげます
22	[ドラゴンHPを1ずつ変える]の「1」を「−1」に変えます

[調べる] 命令はその命令が動いているときしか調べられないので、[ずっと]の中に入れて、繰り返し調べるようにしています。

○ 雷の効果音を追加する

ねこの攻撃の雷がドラゴンに当たったら、効果音を鳴らすようにします。ここではシンバルの音で落雷の音を表現します。

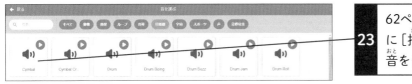

23	62ページの手順⑥〜⑨を参考に [打楽器]にある [Cymbal]の音をクリックして追加します

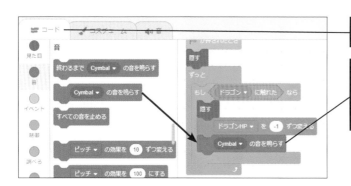

24 [コード]をクリックします

25 [音]にある[Cymbalの音を鳴らす]を [ドラゴンHPを −1ずつ変える] の下につなげます

ここで作った雷のプログラムを整理しましょう。雷には、2つのプログラムを作りました。最初に作ったのが「攻撃のメッセージを受け取ったときの雷の動き」(下図B)、次に作ったのが「ゲームがスタートしてからの雷の動き」(下図A)です。それぞれの機能を整理すると、下のようになります。

●雷のスプライトのプログラム

A.「ゲームがスタートしてからの雷の動き」のプログラム (116ページの下から)

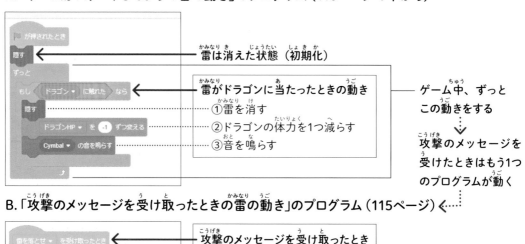

雷は消えた状態 (初期化)

雷がドラゴンに当たったときの動き
……①雷を消す
……②ドラゴンの体力を1つ減らす
……③音を鳴らす

ゲーム中、ずっとこの動きをする
↓
攻撃のメッセージを受けたときはもう1つのプログラムが動く

B.「攻撃のメッセージを受け取ったときの雷の動き」のプログラム (115ページ)

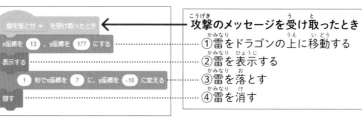

攻撃のメッセージを受け取ったとき
……①雷をドラゴンの上に移動する
……②雷を表示する
……③雷を落とす
……④雷を消す

○ ドラゴンの体力（HP）が 0 になったら動きを止める

次にドラゴンの体力の初期値を設定します。ドラゴンの体力を5として、🚩をクリックすると、必ずこの数字に戻るようにします。体力が0になったらすべてのプログラムが止まるようにしましょう。

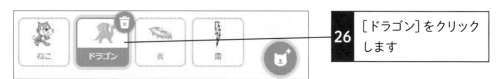

26 [ドラゴン]をクリックします

27 [イベント] にある [■が押されたとき] をドラッグして右側の枠にドロップします

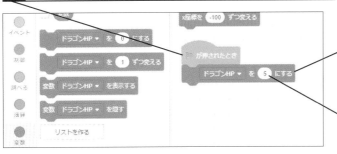

28 [変数] にある [ドラゴンHPを0にする] を [■が押されたとき] の下につなげます

29 [ドラゴンHPを0にする] の「0」を「5」に変えます

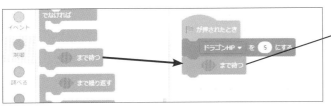

30 [制御] にある [<>まで待つ] を [ドラゴンHPを5にする] の下につなげます

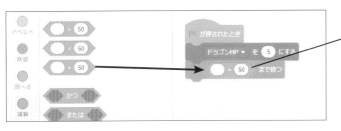

31 [演算] にある [○=50] を [<>まで待つ] の<>の部分に入れます

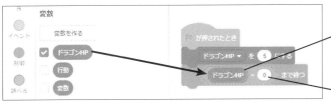

32 [変数] にある [ドラゴンHP] を [○=50] の左側の○に入れます

33 [ドラゴンHP=50] の「50」を「0」に変えます

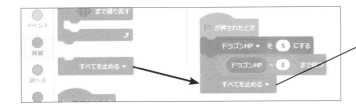

34 [制御] にある [すべてを止める] を [ドラゴンHP=0まで待つ] の下につなげます

■をクリックしてみよう。
ねこの最初のセリフ「呼べ」に対しては、「ねこ」と声を出す必要があるよ。「ねこ」という言葉が認識されると「どうする?」というセリフが表示されるしくみなんだ。もし、「ねこ」と声を出しても、「どうする?」が表示されないときは、マイクの設定もチェックしてみよう。マイクがオフになっていると、声を読み取ってくれないよ。「どうする?」が表示されたら、「こうげき」と声を出してみよう。雷が落ちるかな?

7日目　ドラゴンバトルゲームを作ろう②

7-4 ねこの動きを作ろう

ねこが逃げる動きと、ドラゴンからの攻撃がねこに当たったときの動きを作ります。

動画はこちら
https://dekiru.net/tsdai_scr3_704

合図を送る（メッセージ）　ねこ　結果
「ねこ逃げろ」　ねこが合図を受け取る　ねこの位置が変わる

◯ ねこが逃げる動きを作る

ねこが「ねこ逃げろ」のメッセージを受け取ったときの動きを作ります。ねこが送った「ねこ逃げろ」メッセージは、ねこ自身が受け取るようにします。逃げる動きはドラゴンで一度作ったので、ドラゴンのスプライトからプログラムをコピーして使います。

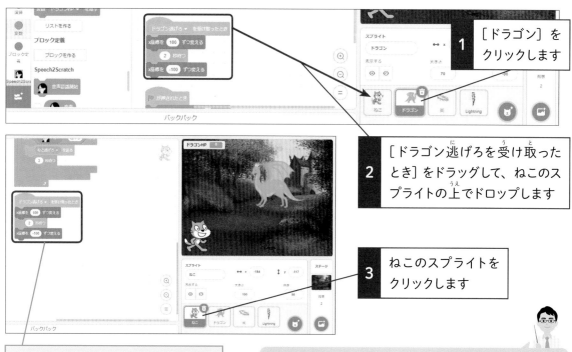

1 ［ドラゴン］をクリックします

2 ［ドラゴン逃げろを受け取ったとき］をドラッグして、ねこのスプライトの上でドロップします

3 ねこのスプライトをクリックします

ドラゴンのスプライトからブロックのかたまりがコピーされました

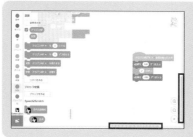

コピーしたブロックが見つからない場合は、枠の右と下についているバーをドラッグして、探しましょう。

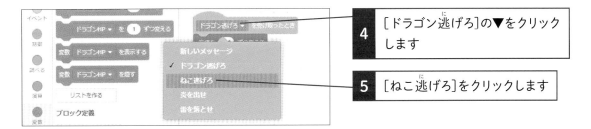

4　[ドラゴン逃げろ]の▼をクリック
　　します

5　[ねこ逃げろ]をクリックします

○ ねこの体力を作る

ねこの体力を作りましょう。ドラゴンの体力を作ったときと同じように変数を使います。

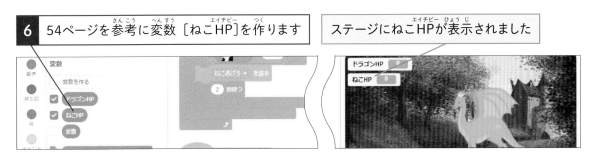

6　54ページを参考に変数 [ねこHP]を作ります

ステージにねこHPが表示されました

○ 炎がねこに当たったときの動きを作る

次に、炎がねこに当たった判定をする動きと当たってから炎を消す動きを作ります。雷
がドラゴンに当たった動きをコピーして作っていきましょう。

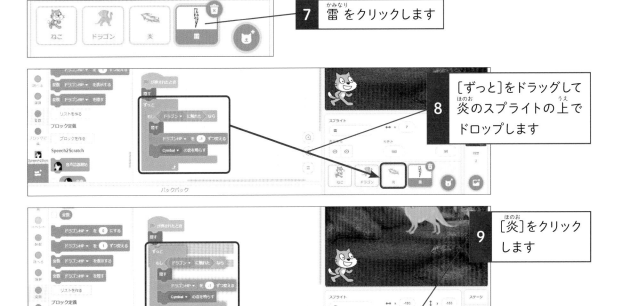

7　雷 をクリックします

8　[ずっと]をドラッグして
　　炎のスプライトの上で
　　ドロップします

9　[炎]をクリック
　　します

10　コピーされたブロックのかたまりを [隠す]の下につなげます。

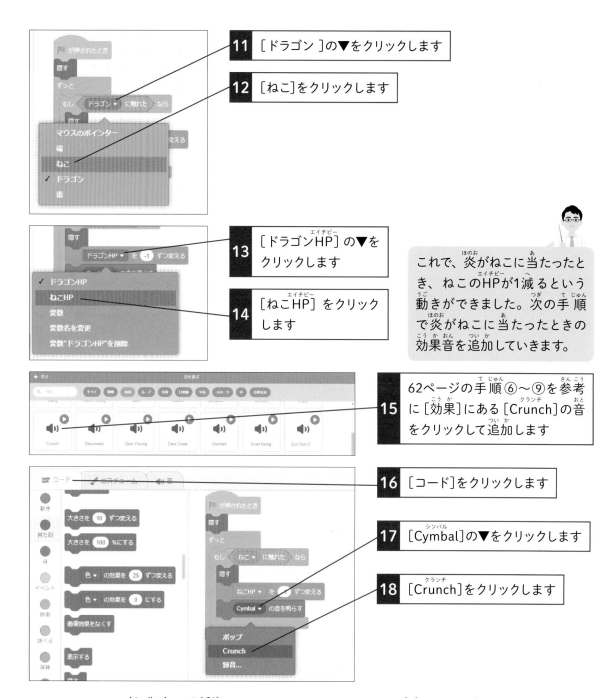

11 ［ドラゴン］の▼をクリックします

12 ［ねこ］をクリックします

13 ［ドラゴンHP］の▼をクリックします

14 ［ねこHP］をクリックします

これで、炎がねこに当たったとき、ねこのHPが1減るという動きができました。次の手順で炎がねこに当たったときの効果音を追加していきます。

15 62ページの手順⑥〜⑨を参考に［効果］にある［Crunch］の音をクリックして追加します

16 ［コード］をクリックします

17 ［Cymbal］の▼をクリックします

18 ［Crunch］をクリックします

○ ねこの体力（HP）が0になったら動きを止める

炎がねこに当たるとねこの体力が減っていき、0になったらすべてのプログラムが止まるようにします。体力が0になったときの動きはドラゴンのスプライトからコピーして作ります。ねこの体力は3としましょう。

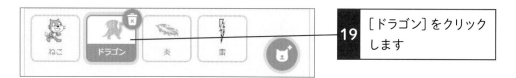

19 ［ドラゴン］をクリックします

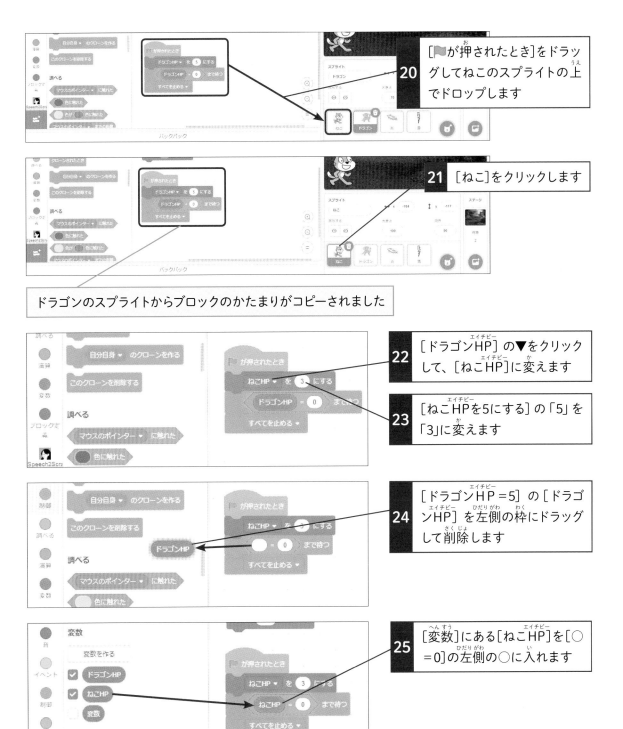

20 [▶が押されたとき]をドラッグしてねこのスプライトの上でドロップします

21 [ねこ]をクリックします

ドラゴンのスプライトからブロックのかたまりがコピーされました

22 [ドラゴンHP]の▼をクリックして、[ねこHP]に変えます

23 [ねこHPを5にする]の「5」を「3」に変えます

24 [ドラゴンHP＝5]の[ドラゴンHP]を左側の枠にドラッグして削除します

25 [変数]にある[ねこHP]を[○＝0]の左側の○に入れます

ねこの体力が0になったらすべてのプログラムが止まるということだね。完成したら▶をクリックして、遊んでみよう。ねこのHPが0になる前にドラゴンを倒そう！

チャレンジ！

ここではゲームの難易度を上げるような工夫を入れてみましょう。

①ドラゴンの体力（HP）が減ったら炎を大きくしよう

ドラゴンの体力が2になったら、炎の大きさが2倍になるようにしましょう。

ドラゴンHP：5〜3

ドラゴンHP：2〜1

ヒント：
条件を使って、炎の動きを変更します。「もしドラゴンの体力が2よりも大きいなら」を
条件として、その場合の炎の動きとそうでない場合の動きを作ります。

解答は24ページにあるよ。参考にしてね！

6日目チャレンジ（106ページ）の解答

ねこのスプライトに新しいプログラムを追加します。
［スペースキーが押されたとき］ブロックを置いて、その下はドラゴンの逃げる動きと同じにします。

7
日目

ドラゴンバトルゲームを作ろう②

完成見本

1日目から7日目までに作ったプログラムの完成形です。うまく動かない場合の参考にしてください。

1日目 ねこのスプライト

2日目 ねこのスプライト

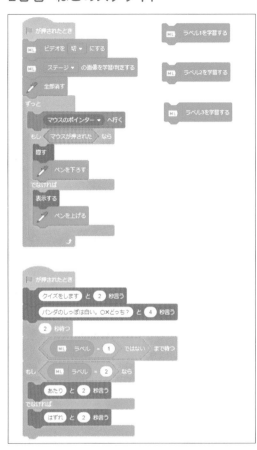

3日目 ねこのスプライト

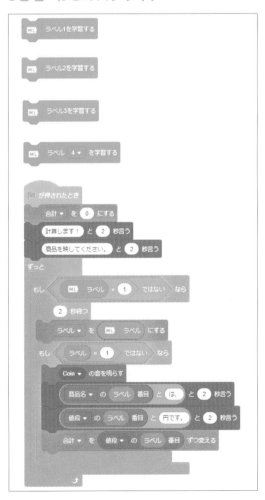

4日目 ねこのスプライト

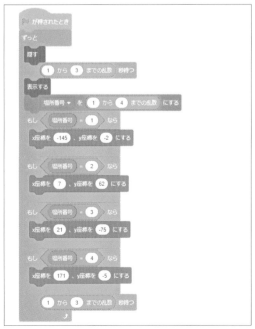

5日目 ねこのスプライト

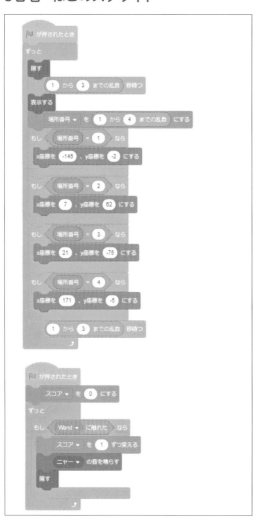

5日目 杖のスプライト

6日目 ドラゴンのスプライト

```
が押されたとき
x座標を 67 、y座標を 40 にする
ずっと
  10 から 15 までの乱数 秒待つ
  行動 ▾ を 1 から 2 までの乱数 にする
  もし 行動 = 1 なら
    炎を出せ ▾ を送る
  でなければ
    ドラゴン逃げろ ▾ を送る
```

```
ドラゴン逃げろ ▾ を受け取ったとき
x座標を 100 ずつ変える
  2 秒待つ
x座標を -100 ずつ変える
```

6日目 炎のスプライト

```
が押されたとき
隠す
```

```
炎を出せ ▾ を受け取ったとき
x座標を -33 、y座標を 59 にする
表示する
  2 秒でx座標を -193 に、y座標を -153 に変える
隠す
```

7日目 ねこのスプライト

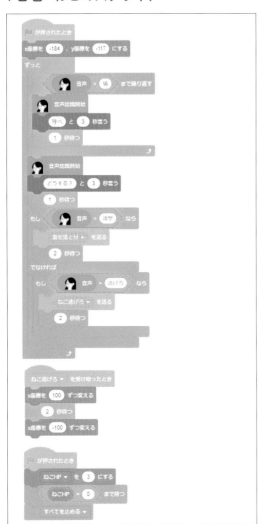

7日目 ドラゴンのスプライト

7日目 炎のスプライト

7日目 雷のスプライト

■著者

小林　真輔（こばやし　しんすけ）

株式会社タイムレスエデュケーション　代表取締役

2003年大阪大学大学院基礎工学研究科博士課程修了。博士（工学）。2003年10月、東京大学大学院情報学環助手、2006年10月から東京大学大学院情報学環特任准教授として教育研究に従事。2012年3月から10月まで中国の重点大学の一つである浙江大学において訪問学者として活動し帰国後、2012年11月YRPユビキタス・ネットワーキング研究所研究開発部長に就任。2016年4月に若年層からの教育に革命を起こすべく、株式会社タイムレスエデュケーションを設立。自ら考える力を備えた子供に育って行けるように、新しい教育への取り組みを始める。2018年1月から東京大学大学院情報学環特任研究員を務める。

■STAFF

カバー・本文デザイン	伊藤忠インタラクティブ株式会社
DTP制作	町田有美
デザイン制作室	今津幸弘
	鈴木　薫
制作担当デスク	柏倉真理子
編集	浦上諒子
副編集長	田淵　豪
編集長	藤井貴志

■商品に関する問い合わせ先

インプレスブックスのお問い合わせフォーム
https://book.impress.co.jp/info/
上記フォームがご利用いただけない場合のメールでの問い合わせ先
info@impress.co.jp

■落丁・乱丁本などの問い合わせ先
TEL　03-6837-5016　FAX　03-6837-5023
service@impress.co.jp
受付時間　10:00 〜 12:00 ／ 13:00 〜 17:30
　　　　　（土日・祝祭日を除く）
●古書店で購入されたものについてはお取り替えできません。

■書店／販売店の窓口
株式会社インプレス 受注センター
TEL　048-449-8040　FAX　048-449-8041

株式会社インプレス 出版営業部
TEL　03-6837-4635

本書のご感想をぜひお寄せください　https://book.impress.co.jp/books/1120101053

「アンケートに答える」をクリックしてアンケートにご協力ください。アンケート回答者の中から、抽選で商品券（1万円分）や図書カード（1,000円分）などを毎月プレゼント。当選は賞品の発送をもって代えさせていただきます。はじめての方は、「CLUB Impress」へご登録（無料）いただく必要があります。

読者登録サービス 登録カンタン 費用も無料！

アンケートやレビューでプレゼントが当たる！

できる たのしくやりきる Scratch3 子どもAIプログラミング入門
（できるたのしくやりきるシリーズ）

2020年12月11日　初版発行

著　者　小林 真輔（こばやししんすけ）

発行人　小川 亨

編集人　高橋隆志

発行所　株式会社インプレス
　　　　〒101-0051　東京都千代田区神田神保町一丁目105番地
　　　　ホームページ　https://book.impress.co.jp/

印刷所　図書印刷株式会社

ISBN978-4-295-01032-6 C3055

Printed in Japan